谨以此书献给

对中国环境的未来怀有美好愿望的所有读者!

城殇

Urban Environmental Crisis in China

中国城市环境危机报告

董磊　刘淑萍　王玉北　著

江苏人民出版社

图书在版编目(CIP)数据

城殇:中国城市环境危机报告 / 董磊,刘淑萍,王玉北著. --南京:江苏人民出版社,2012.11
ISBN 978-7-214-08917-5

Ⅰ. ①城… Ⅱ. ①董… ②刘… ③王… Ⅲ. ①城市环境—环境危机—研究报告—中国 Ⅳ. ①X321.2

中国版本图书馆CIP数据核字(2012)第272951号

书　　名　城殇:中国城市环境危机报告

著　　者　董　磊　刘淑萍　王玉北
责任编辑　戴亦梁
责任校对　王　溪
装帧设计　许文菲
出版发行　凤凰出版传媒股份有限公司
　　　　　江苏人民出版社
出版社地址　南京市湖南路1号A楼,邮编:210009
出版社网址　http://www.jspph.com
　　　　　http://jspph.taobao.com
经　　销　凤凰出版传媒股份有限公司
照　　排　江苏凤凰制版有限公司
印　　刷　江苏凤凰数码印务有限公司
开　　本　787×1 092毫米　1/16
印　　张　11.25
字　　数　150千字
版　　次　2013年3月第1版　2013年3月第1次印刷
标准书号　ISBN　978-7-214-08917-5
定　　价　38.00元

目　录

序言：城市生命的源头

人类生活在两个世界里。一个是由土地、空气、水和动植物等组成的自然世界,这个世界在人类出现以前几亿年就已经存在了;另一个是人类用才智和双手建立起来的文明世界,亦即农村文明和城市文明的世界,自工业时代以来,城市文明又成为了文明世界的最好表征,城市化也是今日中国迈向文明新纪元的必由之路。

人类趋利避害的本能目的成为了我们创造城市的原初动力,因此这些目的也能够轻易地把我们理解城市的目光引向美好的、寄托式的方向。在2010年的上海世博会上,我们的口号便是——“城市,让生活更美好”。

城市是一种特殊的构造,这种构造致密而紧凑,专门用来流传人类文明的成果。

——路易斯·芒福德

图序-1 美好的城市

图序-2　自然为人制定了规则

美好的家园从来都是人们所追求的,家园是不会因为它美好的一面而走向死亡的,危机与灾难才是毁灭一切的根源,才是城市文明寿限的决定者。在我们享受美好的家园生活时,危机与灾难一直相伴左右,这理应引起我们的关注:

上帝给我们制定了长久的幸福规则——获取足够的"面包"而非无穷的"面包",然后把人放到城市这个实验场当中静观其变。当我们的行为越了轨,当我们所操纵的城市世界过分地打扰到自然世界时,隐而不显的死神就出现了——这就是我们经常看到的城市环境危机。

a	c
b	d

图序-3
越轨的代价

图序-4　走向死亡的城市

城市为何不会像我们想象般的那样美好永续？这还要先从熵这个基本的宇宙规律说起：纵观世间，任何一个秩序的维持，都需要不断地从外界获取有用的物质和能量，同时又会不停地向外界排出无序的物质和能量，通过破坏外部环境的方式来维持自己的稳定。然而这个过程是不会永无止境地一直延续下去的，一切秩序最终仍会走向混乱直至灭亡，城市秩序也不例外。而如果城市秩序的可持续系统低效，那么它的生命将更加短暂。

图序-5　难以为继的城区

> 城市就是一个耗散结构，它需要从外界输入食品、燃料和原材料，同时要输出产品和废物，这样才能生存下去，保持一定的稳定有序状态；否则就会趋于混乱，乃至消亡。
>
> ——普利高津

图序-6 中国城市化趋势

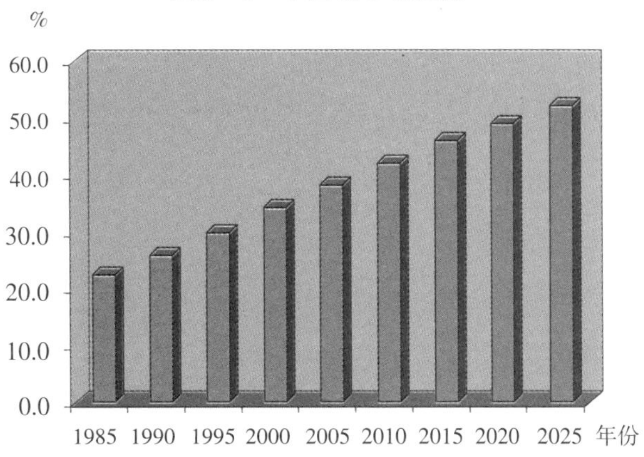

图序-7 城市的生态包袱

城市作为人类的最大人造物，当它开始向大地注入钢筋混凝土的那一刻，便注定不能像植物那样简单地靠水、空气和阳光进行自给自足，也无法通过轻盈的呼吸和无声的腐烂回馈给自然界以原始的材料。每座城市不但会最终破坏所在地的自然秩序，并且都需要从外界获取至少超过一座城市本身的物质和能量来维持其自身的秩序，并将其转化为废物和废能。如果我们的眼光是超越时间的，那么我们就会发现，当一座城市初建之时，便至少是两座城市开始毁灭之时。

虽然城市必然走向灭亡，但城市的生命时间并非必然同人的生命时间处在同一尺度上，通过合理的发展和有效的治理，我们或许可以将城市的寿命延长到一个近似于永续存在的尺度上。曾有国外的学者根据人均GDP与环境污染的关系归纳了环境污染的倒U曲线即库兹涅茨曲线：在现代化的过程中，伴随着人均GDP的增加，环境污染的程度将呈现上升的趋势；随着人均GDP的进一步提高，环境污染程度又会呈现逐年下降的趋势。

那么我国的城市正处在哪个发展阶段呢？从目前的情况来看，废水、废气、废渣等各种污染物的排放量一直呈上升趋势，如果我国城市的环境污染程度的发展也基本遵循库兹涅茨曲线的话，那么我们目前所处的阶段还在倒U曲线的左侧，且离拐点还有一定距离。在历史上，西方的许多国家曾先后经历了污染逐渐升高又逐渐降低的过程，而中国城市能不能保证撑过污染顶点而顺利渡过环境危机呢？

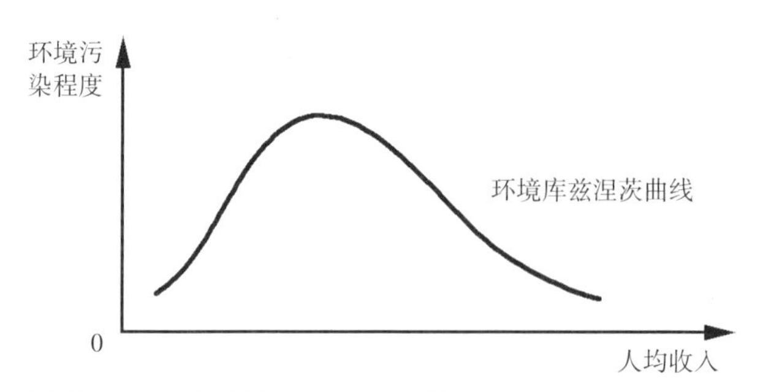

图序-8　环境污染库兹涅茨曲线

问题的答案并非是显而易见的,但这样一幅图景却是今天的城市人并不陌生的:人们呼吸着污浊的空气,走在垃圾遍布的道路上,黑色的河流又从身边流过……我们仅凭直觉就足以轻易感知到城市已病入膏肓。

今日的环境危机是暂时的吗?能够将危机的原因仅用“发展的必然代价”来总结吗?我们乐观的想法和言论是否真的那么振振有词并能在未来得到验证呢?未来的城市会让未来的生活更美好吗?是不是我们现在按部就班地行动起来就能再造蓝天碧水了呢?这所有的一切都需要求助于对危机的深层分析和对隐匿之物的揭示,让我们一起来了解造成今日城市环境危机的发展悖论和治理困境吧!

图序-9 圣经有言:“救赎之道,就在其中”。

图序-10　城市如何永续?

1 固废污染：扔不掉的“扔”

当我们想让房间干净时，我们就把垃圾扔出门外；而当我们想让城市干净时，我们又把垃圾扔出了城市。

扔垃圾被认为是理所当然的生活方式，而不乱扔垃圾被理所当然地认作是进步和文明人应有的素质。我们用自认为妥当合理的方式实现着文明，也从来没有抛弃这个简单直接的动作——扔。

在这种行为方式中，人们有一个基本的观点——自然环境是人类生活的外部条件，大地应当成为垃圾的承载场所；把危害物转移到外部环境中，城市内部就会变得干净整洁，并且这种过程可以永远持续下去。

图1–1　扔

废弃物通过敞开着的窗子被慷慨大方地扔了出来，一大堆的垃圾粪土……女主人的长裙扔在那里，从上到下沾满了污垢；是哪个猪狗不如的东西干的？　——左拉《土地》

图1-2　重回视野的垃圾

事实上，垃圾并没有被扔出多远，我们只是将这只怪羊暂时地驱赶出了大多数人的视野而已，其实我们再向外围迈出一小步，就能看到垃圾了。

不断加速的城市化过程必将大大缩短我们与垃圾再次见面的时间，而具有未来眼光和忧患意识的人则提前展示了我们每个人将要见到的场景。

根据1996年4月1日实施的《中华人民共和国固体废弃物污染环境防治法》和2001年建设部《生活垃圾填埋污染控制标准》、《城市生活垃圾卫生填埋技术规范》、《城市生活垃圾卫生填埋处理工程项目建设标准》，垃圾填埋场选址一般“与居民区距离至少大于500m”、“一般要求与铁路和公路距离大于300m小于1500m”。（刘志尧、成湘伟等：《城市垃圾填埋场选址地质影响因素分析》

2009年，环保摄影家王久良以北京周边的垃圾场为题材拍摄了一组摄影作品《垃圾围城》，他的照片展示了堆积在北京周边蔓延无边的垃圾。

图1-3 《垃圾围城》

a 北京市通州区宋庄镇疃里社区（39° 56′ 36″ N，116° 42′ 18″ E）

这里几乎天天都在着火，伴随着浓烟的是刺鼻的气味。这200多只绵羊整个冬天都在这里翻拣着可吃的东西，不洁净的食物使绵羊极易发病，绵羊的主人须经常给这些绵羊注射抗生素类药物。

b 北京市昌平区小汤山镇（40° 08′ 55″ N，116° 20′ 29″ E）

飞机、火车、长途汽车等交通工具以及城市移动公厕每天都在生产巨量的这种由塑料袋包裹的粪便，因为其后期处理的不便，除极少量的被农民用来堆肥外其他绝大部分则直接进入垃圾填埋场。

d 北京市昌平区小汤山镇官牛坊（40° 09′ 06″ N，116° 22′ 14″ E）

这座垃圾场就在一条小河的边上，河水不可避免地遭受到垃圾的污染。而附近的奶牛养殖场每天都在河里饮牛，喝足了水的奶牛照例扫荡一遍垃圾场，搜寻可吃的东西。

c 北京市经济技术开发区（西区）（39° 45′ 09″ N，116° 29′ 35″ E）

这里属于开发区扩地西区的征地范围，农田已被废弃，地下的沙子遭到有权势者的疯狂盗挖，而建筑垃圾立即尾随而来。

e 北京市大兴区瀛海镇（39° 43′ 30″ N，116° 30′ 00″ E）

这是一座占地15万平方米的超大垃圾场，远景处的垃圾正在逼近，近处的水面已经完全被垃圾和大粪覆盖，且垃圾仍然在源源不断地运来。

垃圾到底离我们有多近？以北京市为例。根据北京市市政市容管理委员会的资料，2009年一年北京市生活垃圾日产生量为1.83万吨，总量达到669万吨，并将以每年8%的速度增长，北京市的垃圾填埋场将在2014年后全部填满，在2015年年生产垃圾总量将达到1200万吨，垃圾已经无处可放、无处可埋了。和北京一样，全国许多城市也都面临着同样的困境——“垃圾围城”：我国现有城市668座，2011年仅城市生活垃圾的年产量就超过了2.9亿吨，且以每年10%的速度增长。此外历年的垃圾堆存量已达80亿吨。除县城外，我国已有2/3的大中城市陷入垃圾的包围之中，且有1/4的城市已没有合适场所堆放垃圾了。

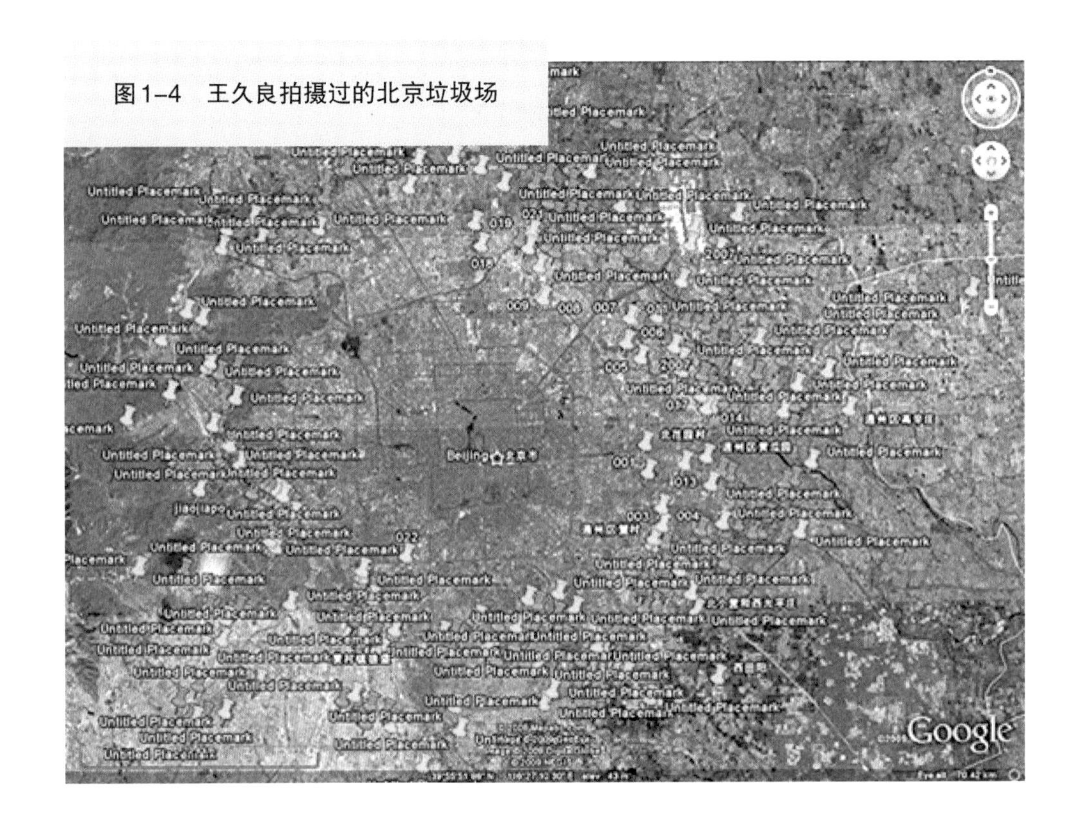

图1-4 王久良拍摄过的北京垃圾场

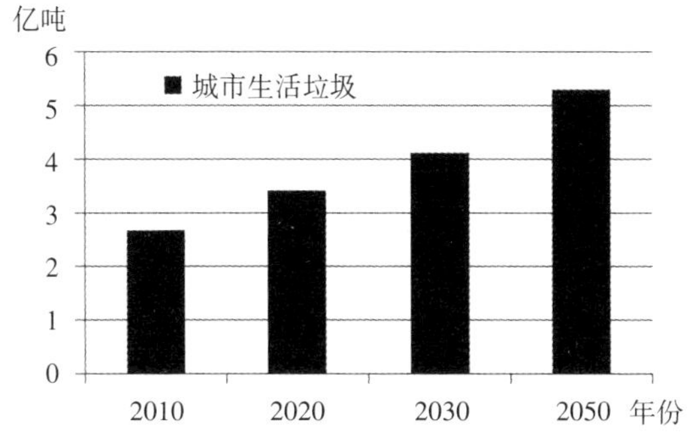

图1–5 城市生活垃圾增长趋势

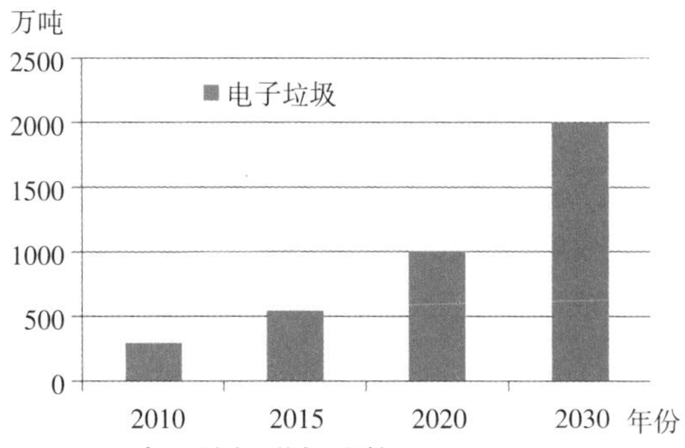

图1–6 电子垃圾增长趋势

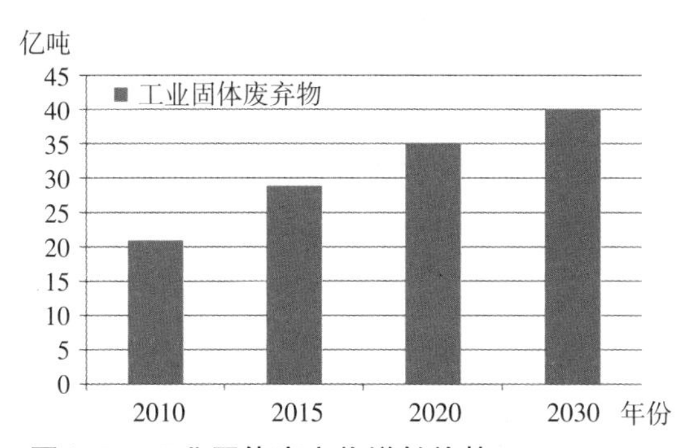

图1–7 工业固体废弃物增长趋势

随着城市化的大举推进,中国城市生活垃圾在未来还将继续增加,2010年城市生活垃圾的总量为2.64亿吨左右,2020年将突破3.4亿吨,2030年将达到4.09亿吨,2050年则将达到5.28亿吨。除了生活垃圾,电子垃圾、工业固废垃圾、建筑垃圾等都在以超乎想象的方式增长:

2010—2020年中国的电子、电器产品将进入报废和更新高速增长期,联合国环境规划署在巴厘岛公布的报告显示,到2020年,在中国产生的电子垃圾将比2007年高4倍,预计达到每年1000万吨的规模。

工业固体废弃物今后近10年的年均增长率将在5%—7%之间,预计2020年达到35亿吨。由于工业固废垃圾的可利用途径相对较多,循环使用的比例在2020年有望达到70%—80%,虽然如此,工业固废垃圾的总量仍将是一个庞大的数字。

最后,就建筑垃圾而言,目前"我国每年产生的建筑垃圾约为3亿吨",预计"50年到100年后,这一数字将增至26亿吨"!尽管建筑垃圾回收方便,我们也不应忽视它的庞大基数。(中国环保产业网:《建筑垃圾每年都在以递增的趋势增长》)

虽然垃圾的种类各异，但它们都是从曾经的财富转变而来的，财富变包袱是无法逆转的规律，而让人忧心的是更多的荒唐行为正在加速垃圾的增长：朝建夕拆的中国特色建筑模式、追求时尚的电子产品消费观念、讲究排场的宴请习俗、炫耀财富的竞争心理……将一份份盛宴迅速饕餮一空。

a c
b d 图1-8 饕餮财富，丢弃包袱

图1-9　垃圾成为了旗帜

图1-10　贵屿镇中回收的电子垃圾

如果无法扔掉“扔”的观念，一直采用“产品——废品”线性发展方式，我们有多少办法来收拾残局呢？

我们采用了如循环利用、填埋、焚烧、堆肥等很多方法，除此之外，其他方法则尚显乏力或还未成熟，但无论什么方法在熵定律面前必然都只是缓兵之计，并且还会产生诸多负面效应，牵扯出技术、意识、政策、利益等一系列问题。

因为循环利用的成本过高，于是有了发达国家的电子垃圾大量涌向贵屿的现象，据统计，每年涌向贵屿的洋垃圾占到了贵屿接受垃圾总量的50%以上；因为每焚烧1吨垃圾会产生大约5000立方米废气，并且还会留下原有体积一半左右的灰渣，于是我们看到了频繁见诸电视和报端的民众受害、抗议事件；因为填埋方法正在越来越多地鲸吞我们的土地（海洋），一个日处理千吨垃圾的填埋场需要占用土地1000多亩，于是有了今日与垃圾为邻的危机图景……

我们所拥有的只是当下的财富，而我们被迫拥有的则是昨天、今天和明天的垃圾。

城市垃圾已经无法做到叶落归根，不能轻而易举地进入自然循环，一直扔下去的结果只有一个——无处可扔。

图1-11　贵阳，一处远高于城市的垃圾山

图1-12　北京市中心一角

1.1

建筑垃圾：地上的垃圾，天上的"凤凰"

2010年4月，海口高131.101米的千年塔被拆，该塔于2001年1月1日建成，十年后便"死亡"了。近十年间，全国多次出现楼房垮塌事件，随着2009年上海莲花路13层大楼整栋倒塌，"楼脆脆"、"楼歪歪"成为当年的流行语。

在千年塔倒下的同月，住建部副部长仇保兴在第六届国际绿色建筑与建筑节能大会上说：中国目前的建筑垃圾年产量数以亿计，"我国建筑垃圾的数量已占到城市垃圾总量的30%—40%。"而《建筑垃圾资源化与可行性研究》(2008年)分析指出："据初步估算，到2020年我国至少新产生建筑垃圾50亿吨"，这相当于5万艘航空母舰的吨位总和。建筑垃圾为何堆满城市？原因绝非"城市化的必然代价"这么简单，城市建筑的"根基"坏掉了，加速了建筑垃圾的增多，概括起来，建、拆、垮合力制造了今日的建筑垃圾危机。

图1–13　建

图1–14　拆

先来说"建"。中国城市化率从2000年的36.2%到2010年的接近50%，用10年的时间走过了其他国家20年甚至更长时间的城市化历程，建筑垃圾也呈井喷式涌现。2008年中国统计年鉴显示，我国每年的房屋施工面积超过54亿平方米，而"近二十年来，我国城市产出垃圾约为60亿吨，其中城市新建、扩建或维修构筑物的施工工地产生的建筑垃圾为24亿吨左右"（刘君羽：《建筑垃圾：城市经济发展需解决的难题》，资源网）。施工管理效率低下、建造与装修分离等原因又加速了建筑过程中垃圾的产生。

图1-15　塔吊和高楼

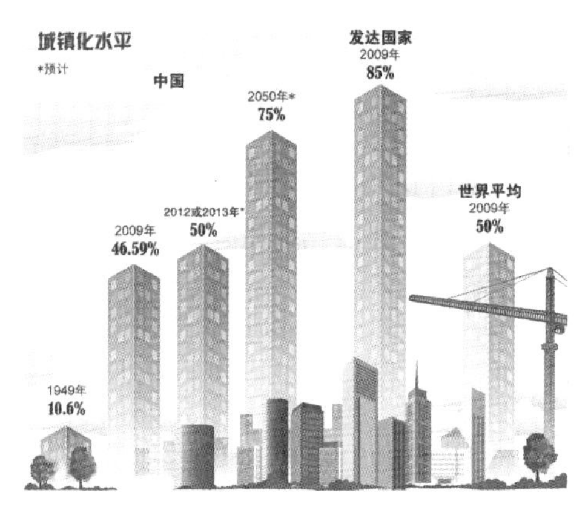

图1-16　中国城市化

表1-1　建筑施工垃圾的数量和组成（%）

垃圾组成	施工垃圾组成比例			施工垃圾主要组成部分占其材料购买量的比例
	砖混结构	框架结构	框架—剪力墙结构	
碎砖（碎砌砖）	30~50	15~30	10~20	3~12
砂浆	8~15	10~20	10~20	5~10
混凝土	8~15	15~30	15~35	1~4
桩头	—	8~15	8~20	5~15
包装材料	5~15	5~20	10~20	—
屋面材料	2~5	2~5	2~5	3~8
钢材	1~5	2~8	2~8	2~8
木材	1~5	1~5	1~5	5~10
其他	10~20	10~20	10~20	—
合计	100	100	100	—
垃圾产生量（kg/m^2）	50~200	45~150	40~150	—

再来看“拆”。今日的城市一边大兴土木，一边炸楼拆房，大量建筑在其“青壮年时期”非正常死亡。

2007年1月6日，杭州西湖第一高楼原浙江大学湖滨校区3号楼爆破成功，这座楼只用了15年就成了建筑垃圾。3号楼所在地距西湖不足500米，如果建成“湖景房”则价值连城，房产商群狼环伺，饥渴难耐地喊出了“得湖滨校区者得天下”的口号。2005年10月8日，浙大将此地挂牌出售，最终被香港嘉里建设集团以24.6亿元拍得，浙大分得了17.6亿元土地出让款，其余被杭州市政府纳入财政收入。嘉里置业(杭州)公司将在原址建商场、写字楼和酒店，一共投资50亿。按照嘉里中心的规划，地上建筑共17.6万平方米，如果按平均每平方米10万的价格计算，将增值到176亿元；即使按最保守的5万元计算，88亿的产出也远超出其50亿元的投资。(《南方周末·西湖第一高楼85米背后数十亿诱惑》)

图1–17　西湖第一高楼爆破拆除

与浙大3号楼命运相似的城市建筑数量众多。有的是因为房产商和其他部门逐利,有的是因为劣质工程,有的是因为不合理的市政规划……各种原因振振有词、力量强大,与之相比,高楼显得脆弱不堪。

图1–18　一幢建筑的非正常“死亡”

a　南昌五湖大酒店,楼龄13年,2010年2月6日“死亡”。死因:四星级酒店要改为五星级酒店。

b　温州中银大厦,楼龄6年,2004年5月18日“死亡”。死因:主体质量不合格。

c　青岛铁道大厦,楼龄16年,2007年1月7日“死亡”。死因:迎接奥运。

d　合肥维也纳森林花园小区,楼龄0年,2005年12月10日“死亡”。死因:影响山景。

e　青岛大酒店,楼龄20年,2006年10月15日“死亡”。死因:内部结构不合理,利用率低。

f　武汉外滩花园小区,楼龄4年,2002年3月30日“死亡”。死因:违反国家防洪法规。

g　沈阳五里河体育场，楼龄18年，2007年2月12日“死亡”。死因：为奥运建新场馆。

h　湖北首义体育培训中心综合训练馆，楼龄10年，2009年6月16日“死亡”。死因：为辛亥革命百年纪念计划“献身”。

i　沈阳夏宫，楼龄15年，2009年2月20日“死亡”。死因：该地将用于房地产开发。

j　上海“亚洲第一弯”，桥龄11年，2008年2月13日“死亡”。死因：配合外滩通道综合改造工程推进。

k　兰州中立桥，桥龄13年，2010年7月5日“死亡”。死因：烂尾桥桥面恶化。

l　湖南株洲红旗路高架桥，桥龄15年，2009年5月27日“死亡”。死因：路网建设变动造成桥面拥堵。

除了拆除新建筑，还有拆除老旧建筑。“每万平方米拆除的旧建筑，将产生7000—12000吨建筑垃圾，而中国每年拆毁的老建筑占建筑总量的40%。”（住建部副部长仇保兴）“在北京待了20年，徐福生因为拆迁需要已经搬了十几次家，‘从四环被撵到了五环，又马上要被撵去六环了。’不过每次‘被搬家’，徐福生都很高兴。这位从事建筑垃圾回收的生意人表示：‘还要拆，就还有生意做。’”（《建筑垃圾正在吞噬我们的城市》）

图1–19　待拆的老旧建筑

图1-20 拆

城市化进程中老旧房屋淘汰是正常现象，而当拆迁和城市化之间加上暴利这一环时，便出现了遍布中国的"拆迁卖地"和"强拆"现象。

宜黄县政府一位官员语出惊人："从某种程度上说，没有强拆就没有中国的城市化，没有城市化就没有一个'崭新的中国'"，"只要地方要发展，只要城市化没有停止，强拆工作就依然要进行下去。"

又拆了
连同过去全部都被拆了
这里照样天欢地喜
不必再有任何异议
看人们抖擞神气
招募希望召集畅想请按时集会
病危呆呆地旁听作陪
喃喃乒乒叮叮铛铛塑造形象
麻木的眼光无需衡量
……

——窦唯：《拆》

图1-21 拆

除了建和拆，第三个原因是"垮"。2009年上海莲花路13层大楼整栋倒塌，有人戏谑说："你知道世界上最最痛苦的事是什么吗？你买的不是倒的那栋楼，而是旁边那栋！"当前部分建筑在建筑设计、施工监管、建筑标准制定等方面存在严重问题，其质量难以得到保证，城市建筑垮塌呈现多米诺骨牌式的连锁反应。

图1-22 上海整栋倒塌的大楼

2008年的汶川地震中房屋倒塌无数，地震共产生了约3亿吨建筑垃圾。许多悲剧原本可以避免，但房屋的粗制滥造导致了最大的灾难，汶川地震造成的大面积垮塌是我国建筑质量低下的一个缩影。住建部于2009年7月发布紧急通知，要求各地立即开展对在建住宅工程质量的检查，全国30多个省的90多个城市中的180多个建筑工程接受了检查，结果显示有3.9%的建筑工程不合格，每100个建筑工程中就有4个在制造今日的危楼和明日的垃圾。

图1-23　圆明园废墟

大家去圆明园看看就知道了，那是世界上最好的房地产。

——戴旭

建、拆、垮共同构成了城市的“风景”，个中原因世人皆知，可就是难以消除，这不得不引起我们的深思。

图1-24　徐冰:《凤凰》

住建部副部长仇保兴说:中国的建筑寿命平均只有30年。而英国的平均建筑寿命是132年,美国的平均建筑寿命是74年。

2010年3月27日,徐冰用建筑垃圾制作的艺术品“凤凰”在今日美术馆前升起——楼房建来建去立不住,而升起来的却只是一堆垃圾。

1.2 电子垃圾:芯片“城市”的兴起与人居城市的灾难

图1-25 芯片板与城市

这是最美好的时代,这是最糟糕的时代;这是个睿智的年月,这是个蒙昧的年月;这是信心百倍的时期,这是疑虑重重的时期;这是阳光普照的季节,这是黑暗笼罩的季节;这是充满希望的春天,这是让人绝望的冬天;我们面前无所不有,我们面前一无所有;我们大家都在直升天堂,我们大家都在直下地狱。

——狄更斯:《双城记》

电脑除了出问题时，我们是很少把它当做一个实在的物的，我们的思维在开机的一瞬间便快速地参与到它制造出的虚拟世界当中去了。进入信息时代后，文明自身已经从它自然世界的基地出发，行往一个我们自己设计的世界。现在的问题是：我们真的这么强大，乃至于我们从根本上可以和现实世界分离吗？实际上，我们在这个虚拟世界按下的Enter键不折不扣地砸在了一堆物质之上——金、银、铜、锡、铬、铂、钯……制造电脑的物质元素才是通往虚拟世界的真正要素。

在所有构成电子产品的元件当中，芯片无疑是核心，实际上，当以芯片为代表的电子产品在开始制造时，便已经极大地扰动了自然世界。芯片制造的第一步是将自然界的硅经过多道工序加工成纯度为99.999999%的硅圆片，尔后在条件要求极高的厂房内通过氧化、涂胶、曝光、显影、刻蚀、去胶等六道工序制出成品芯片，再经过切割封装成为成品芯片。因为电子产品是处于低熵、高秩序序列的人造物，因此它的制造过程极其精密复杂，它产生的过程会向外界投入更大的无序物质和能量，可以说，建造芯片“城市”比建造钢筋水泥城市更加加重了自然环境的承载力。根据最保守的算法，一台个人电脑加CRT显示器至少需要消耗240千克化石燃料、1.5吨水和22千克化学物质。(Eric Williams，“The 1.7 kg Microchip”)

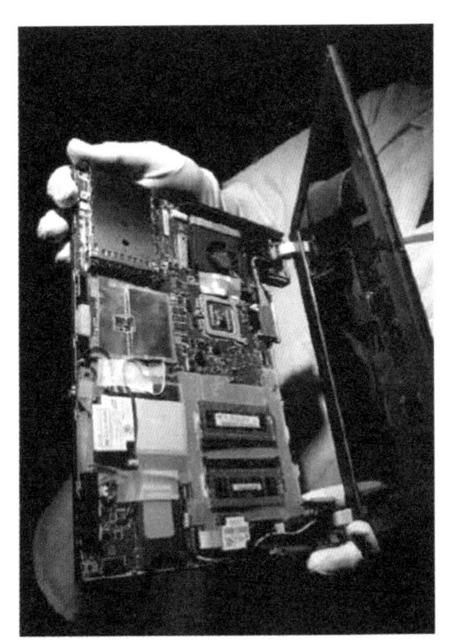

图1-26　虚拟世界的物质依赖

图1-27　毫米大小的“城市”——芯片

表1-2　一台电脑的生态包袱

电脑组件	化石燃料（千克）	化学物质（千克）	水（千克）
半导体	94	7.1	310
印刷电路板	14	14	780
显示器的阴极射线管	9.5	0.49	450
控制单元	21	Ni*	Ni
阴极射线管	22	Ni	Ni
电子材料/化学材料(除了硅圆片)	64	Ni	Ni
硅圆片	17	Ni	Ni
制造工具部分	Ni	Ni	Ni
电脑组装	Ni	Ni	Ni
总和	240	22	1500

*Ni：未列入估计的项目。

而当电子产品被废弃时，虚拟世界顿时消失不见了，电子废弃物又以一堆毫无灵性却又在极小尺度上结合在一起的物质呈现在人们面前，因为经过了精密加工，要想拆解这些物质还原成为自然世界的大块矿物是基本不可能实现的事情，美国和日本等发达国家曾做过此方面的尝试，但他们发现，要想通过环保而又有效的方式处理电子垃圾，投入费用非常大，而获益却非常低。

图1–28 贵屿的手工作坊正在拆解电脑

表1–3 一台计算机（包括阴极射线管显示器）当中的物质*

总重	塑料	铅	硅	铝	铁	铜	镍	锌	锡
27.23千克	6.26	1.72	6.8	3.86	5.58	1.91	0.23	0.6	0.27
重量百分比	23%	6.3%	25%	14.2%	20.5%	7%	0.8%	2.2%	0.9%

*另外还有锰、砷、汞、铟、铌、钇、钛、钴、铬、镉、硒、铍、金、钽、钒、铕和银等物质。

除了报废的电脑，还有电视、电话、自动化仪器等含电子元件的废弃物，因为无法轻易拆解，它们便一起被信息时代返还给了我们——这就是电子垃圾。

图1-29　电子垃圾来源

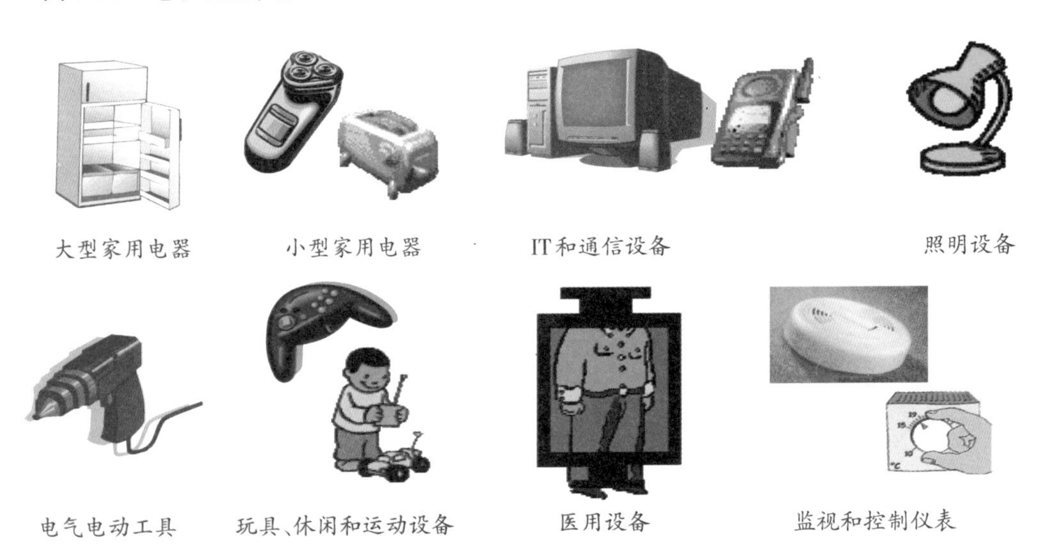

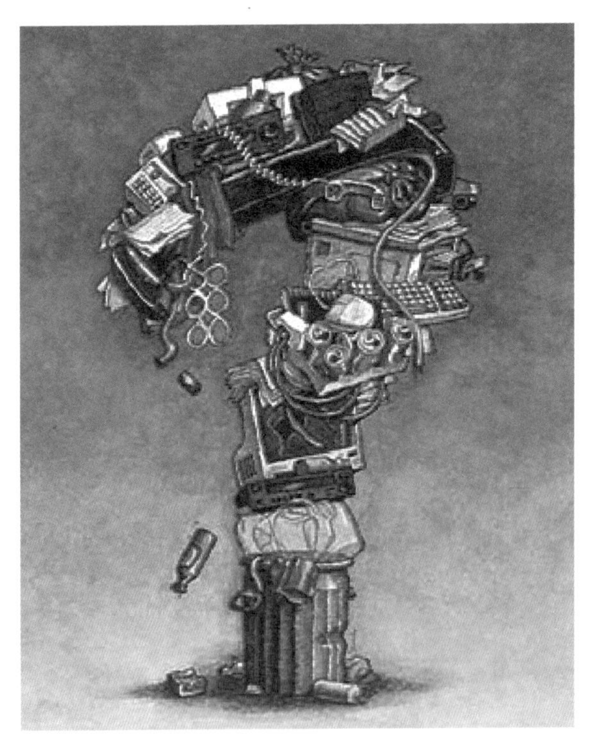

图1-30　电子财富，明日垃圾

电子产品可能是迄今为止寿命最短、淘汰最快的一种人造工具，可以说，电子产品产生的速度有多快，电子垃圾产生的速度就有多快。一般来讲，电脑的使用寿命是3年，而手机的使用寿命只有1年。有这样一句话来形容计算机领域推陈出新的速度：当你把新计算机买回家时，它已经过时了，更新更好的电子产品刚刚从生产线上下来。2010年初的调查显示，中国的电子垃圾年产量约为230万吨，仅比最大的电子垃圾制造国美国少70万吨。在大量的电子垃圾中，有相当一部分仍然是运转良好的，但只是为了给最新科技让路，它们就被无情丢弃了。

图1-31　贵屿镇中回收的电子垃圾

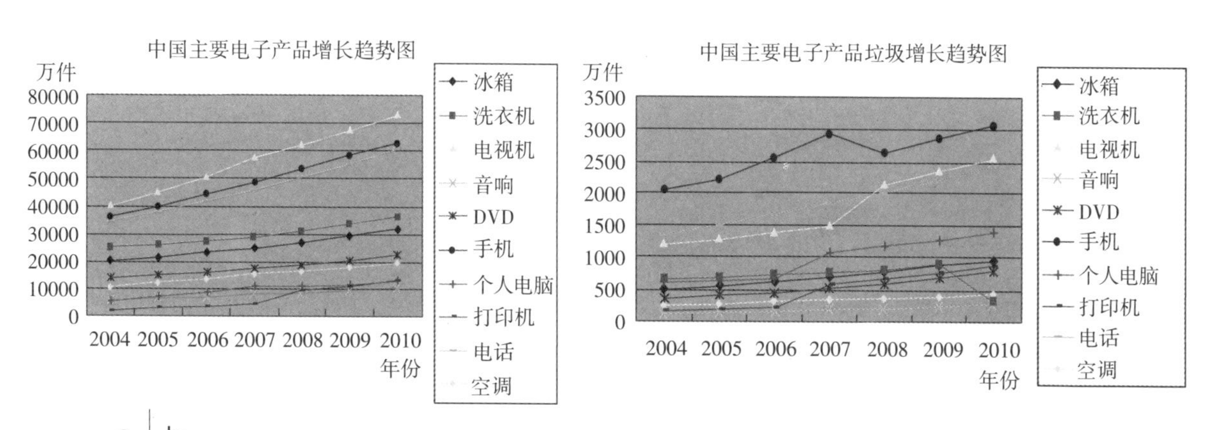

a | b

图1-32　中国电子产品和电子垃圾的增长趋势

图1-33 在贵屿找到的标有国别的电子垃圾标牌

更令人担忧的是，我们要面对的不仅仅是我国的电子垃圾，而且还有全世界的电子垃圾。

由于发达国家不愿去做从垃圾中生财的高投入、低获益的产业，大量的电子垃圾如潮水般涌入了发展中国家。我国的贵屿作为世界上最大的电子垃圾回收地，每年要拆卸约680.4吨的废弃电脑、手机和其他电子设备，而这其中进口垃圾占到了一半以上的比例。这些垃圾“大约60%来自加拿大和美国，30%来自日本和韩国，10%来自欧洲”[2001年11月巴塞尔行动网络(BAN)的调查数据]。

现在，知道这个消息您也许会感到十分震惊：有50%到80%的电子垃圾停止了循环利用，取而代之的所谓循环则是迅速地用集装箱海运到了中国、非洲和其他发展中国家。——2007年2月1日巴塞尔行动网络(BAN)致比尔·盖茨和史蒂夫·鲍尔的一封信

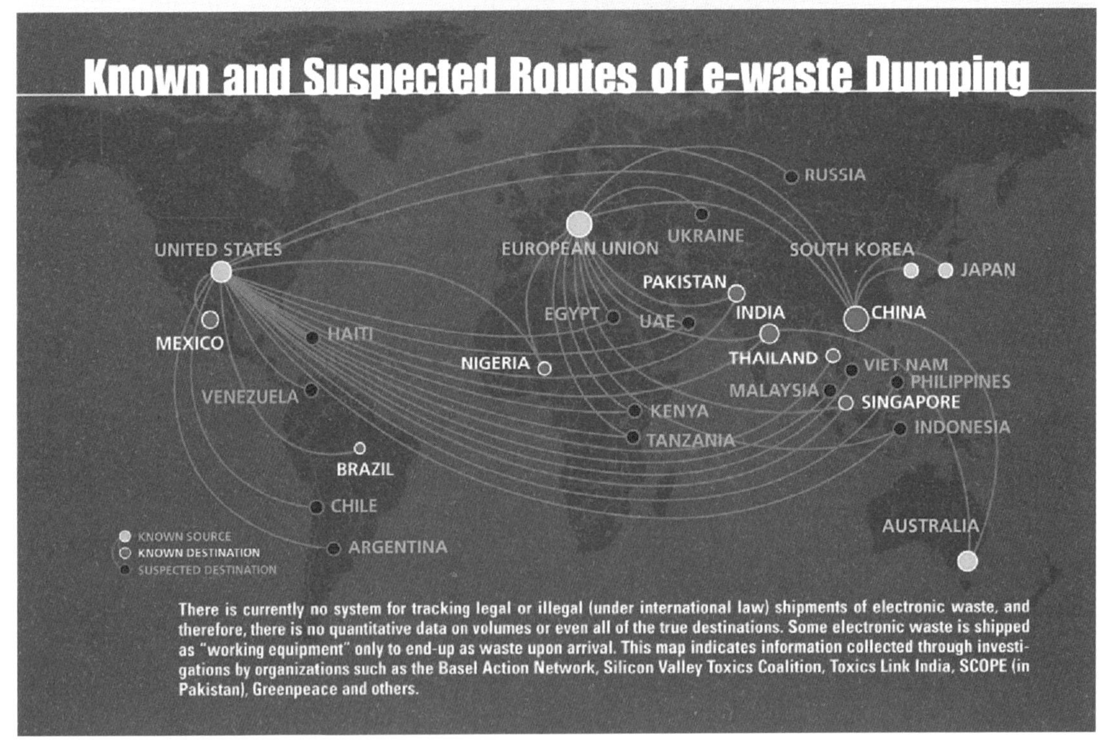

图1-34 电子垃圾的全球流动

1吨随意搜集的电子板卡中，可以分离出129.7千克铜、0.45千克黄金、20千克锡，其中仅黄金的价值就是6000美元，一车电子垃圾就可以让一个人成为百万富翁，但如果采用作坊式的提取方法，则会产生巨大的环境代价。在贵屿有5500多个电子垃圾处理商，他们绝大部分人在手工作坊里从电子垃圾当中寻找着财富。在发达国家处理电子垃圾要受到法律、政策等各方面极强的约束，因此处理费用昂贵，而在贵屿却几乎没有任何约束存在，人们选择了最廉价也是对人身和环境危害最大的方式实现着自己的黄金梦。

	a
	b
	c
d	e

图1-35　从电子垃圾中淘金

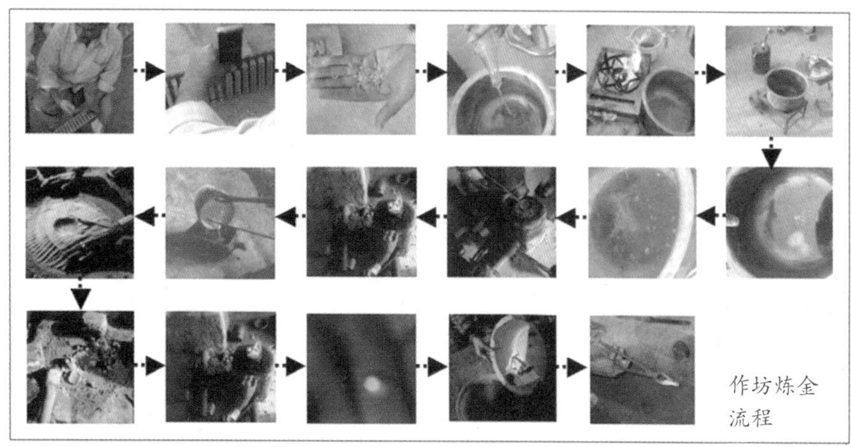

电子垃圾当中的物质会对环境造成多严重的破坏呢？以铜和汞为例：1千克铜如果充分扩散，将会污染10万吨水，仅一台含有1.91千克铜的计算机就可以污染近20万吨水（192576.16吨），这些水足够1000人一生饮用；而汞的危害也不容小觑，单是一个屏幕显像管中就含有0.11339—0.22678千克汞，共可污染2.2×10^6吨水。

贵屿毫无约束的淘金方式将大量的有毒物质散播到了土壤、河水和天空中。绿色和平组织曾对贵屿河岸沉积物进行抽样化验，显示其中含有对生物体有严重危害的重金属的浓度大大超过美国环保署EPA公布的标准：钡为10倍，锡为152倍，铬为1338倍，铅为212倍，而水的污染超过饮用水标准达数千倍，贵屿的居民需要用车带着水桶到30公里之外的地方寻找饮用水。

或许我们可以通过法律约束和回收技术上的改进来减少对环境的污染，可是花费一笔接近制造电子产品数量级的资金来处理电子垃圾，会有多少人愿意做呢？贵屿镇政府在近年对外公开了数项整治环境污染的措施，但在巨大的经济利益驱动下电子垃圾回收的势头并没有得到有效遏制，其回收方式也没有发生质的变化。

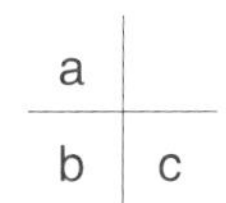

图1–36　贵屿：被污染的水、土、气

图1-37　信息化后，死神可与我们通话了。

信息化的必然代价在人们不谨慎的行为中很快出现了，贵屿这样一个有着1100多年历史的古镇，在短短30年的时间里并没有成为一座进入信息时代的城市，却成为了第一个接起死神电话的城市——芯片“城市”的兴起使我们进入了虚拟的文明世界，而芯片“城市”的死亡却导致了人居城市的灾难。难道我们的城市能够以坐在废墟上的方式走向信息时代吗？

1.3 包装垃圾：城市的"礼盒"

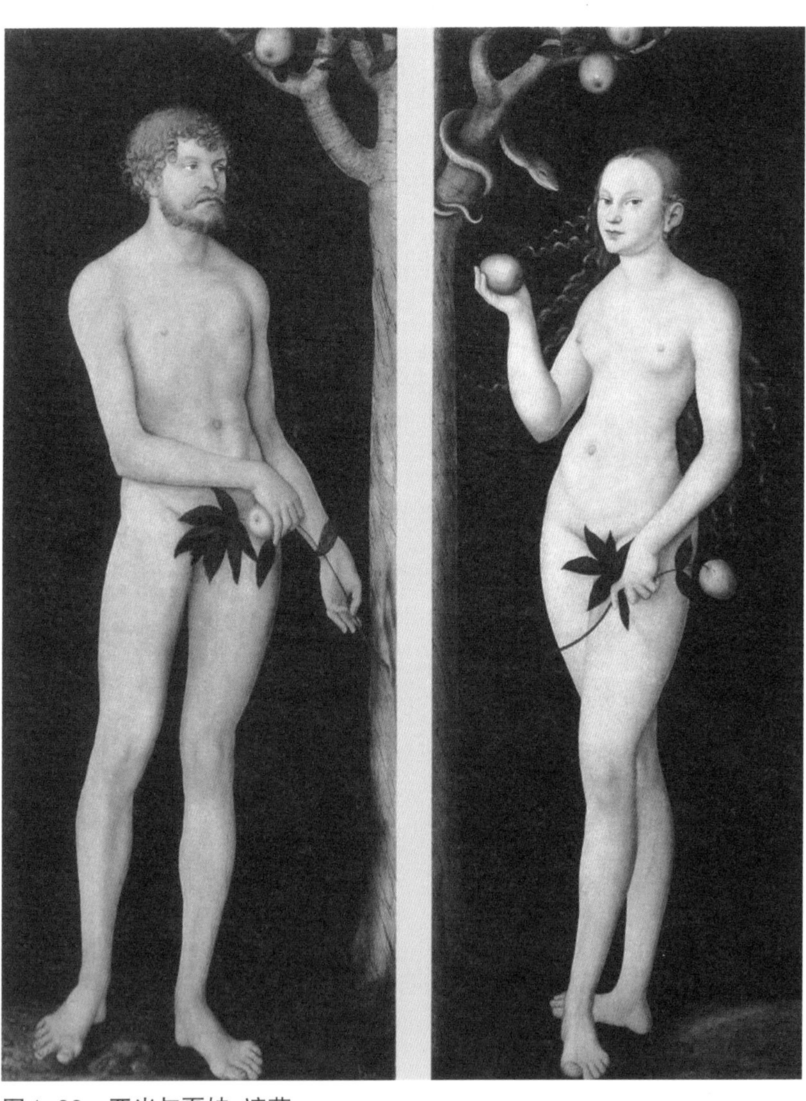

图1–38　亚当与夏娃：遮蔽

“人之性恶，其善者伪也。”人通过包装来掩盖不愿让别人看到的，又通过包装彰显希望被别人看到的，想尽一切办法装出某种相貌、某种精神、某种状态、某种灵魂，我们已经习惯了遮蔽/彰显，习惯了这种喧宾夺主式的异化途径，“不化妆时我的那张脸，简直连我自己都感到陌生”。

我们将大量的精力投入到了包装当中，从包装身体到包起商品，乃至包装目所能及的一切应手之物。

图1–39　包装一切

图1-40 包装—气氛—灵魂

城市既是一个景观,一片经济空间,一种人口密度;也是一个生活中心和劳动中心;更具体点说,也可能是一种气氛,一种特征或者一个灵魂。

——法国地理学家潘什梅尔(P. Pinchemel)

中国曾有很长一段时期提倡“朴素”，可实际上人们对包装的渴望主要是因物质手段的不足而被遮蔽掉的。

图1-41　包装的欲望

自改革开放之后，我们投入了极大的热情来包装所有的东西，我们已经习惯了从包装当中获取实用。

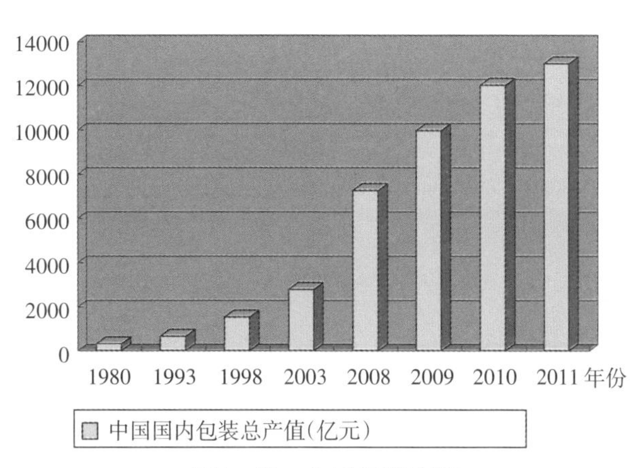

图1-42　中国包装产值

不计资源成本的宣传装饰性包装又超越了实用性包装，以2005年为例，我国包装生产总值4100亿元，其中有70%的价值2800多亿元人民币的包装物仅被一次性使用，这其中有1/3属于过度包装。

图1-43　买包装

在实际生活中，我们很少去当“买椟还珠”的鉴赏家，却总是一个需要消费实用的人。当我们撕去包装时，包装物便显露出了它本来的面目——垃圾。因此，“一个商品到了客户手里、消费者手里以后，所有的包装都烂掉了，都毁坏了，已经损坏了，而我们的商品完好无损，这是包装的最高境界。”（中国包装科研测试中心主任李华）

图1-44　垃圾重负

图1-45　空与不空

人们已经习惯了对包装物的高端功能获取，却鲜有对其根基本质的反思。“我们测算过一次，我们的包装物，它一次性使用就成为废弃物的大概占我们包装产量的70%。”（中国包装联合会副会长杨伟民）“近几年，城市生活垃圾中包装物所占的比重越来越大。保守估计，‘包装垃圾’已经占到市民生活垃圾的35%以上。”（北京高安屯卫生填埋场副场长绳则信）

本章开头提到的《垃圾围城》的作者王久良将他拍摄过的垃圾场在地图上标示了出来，使我们有了俯瞰城市的机会——包装城市的最外层“礼盒”其实是垃圾。自然环境无法一直承载城市人永不停息的包装诉求，一直包装下去的后果便是画城为牢、作茧自缚。

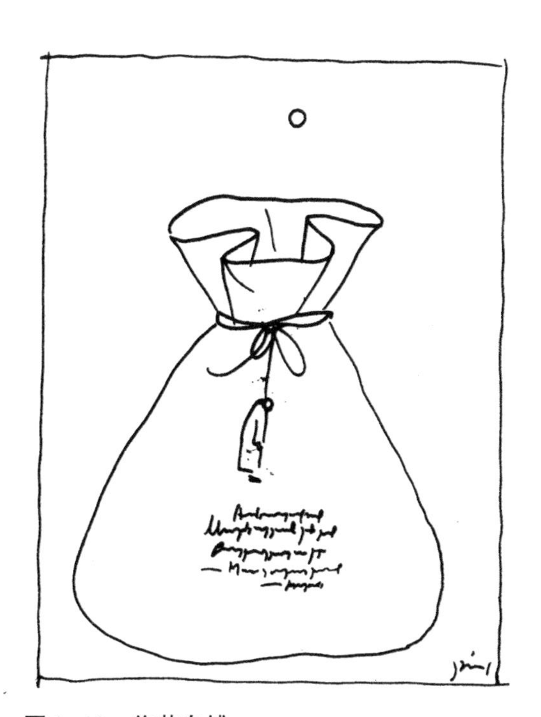

图1-46　作茧自缚

2 大气污染：看不见的城市

在中国古代，每当边疆告急时，戍边士兵便在烽火台上依次点起狼烟向中央和其他地区报警，连天的狼烟遮天蔽日，警醒着人们危机已经来临。用此意象来形容今日的中国城市大气污染最为恰当。中国城市总体上空气质量堪忧，2011年发布的《WHO全球1100城市空气质量报告》显示，被列入统计的31个中国省会城市、直辖市，空气质量排名最前的海口市仅为第814位，排名最后的兰州市则为第1058位。城市狼烟正在向我们传递着大气危机的警报。

图2-1　狼烟

图2-2　城市狼烟

表2-1　《WHO全球1100城市空气质量报告》中国城市排名

排名	城市	大气悬浮微粒指数(PM10)	排名	城市	大气悬浮微粒指数(PM10)
814	海口	38	1010	哈尔滨	101
891	拉萨	50	1011	天津	101
892	南宁	50	1016	石家庄	104
943	福州	64	1017	重庆	105
952	昆明	67	1018	武汉	105
962	广州	70	1020	太原	106
965	贵阳	74	1024	沈阳	110
966	呼和浩特	74	1025	成都	111
973	南昌	79	1026	合肥	111
978	上海	81	1030	西安	113
984	长春	85	1035	北京	121
994	银川	90	1039	济南	123
997	长沙	92	1052	乌鲁木齐	140
1002	杭州	97	1053	西宁	141
1007	郑州	99	1058	兰州	150
1009	南京	100			

图2-3 横空出世的废气

当前中国的人均废气排放量只是美国的1/10,但是由于拥有13亿的人口,因此总的排放量是相当大的,中国目前已经是世界最主要的温室气体排放国家。而作为废气主要排放源的工业工厂、火力发电厂等,大部分集中在城郊。

汽车是废气的第二个主要排放源,虽然工厂和电厂由于从使用煤部分转向使用天然气从而减轻了城市中的空气污染,但随着从使用自行车和公交工具大规模转向驾驶私人轿车已经抵消了上述所有的好处,汽车部分改烧燃气也同样无法降低随着轿车数量增长而带来的问题。

图2-4 尾气污染

研究表明，中国的SO_2环境容量只有1200万—1400万吨，而2009年全国SO_2排放总量高达2214万吨，远远超过了自净能力，常年的超额排放使1/3的国土受到了酸雨侵蚀。

图2-5　2006年全国酸雨发生频率区域分布图

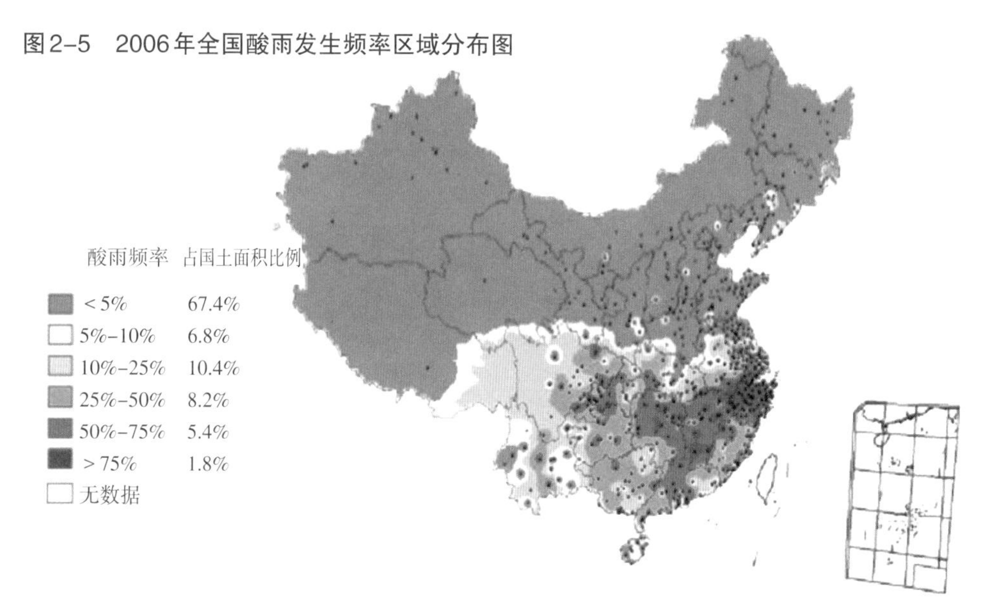

图2-6　受酸雨威胁的乐山大佛

城市内部更是不容乐观，中国的很多城市长年累月地笼罩在尘埃烟雾当中，若遇到遮天蔽日的沙尘暴，则毫无光明可言了。

本溪曾因烟雾弥漫被称为卫星"看不见的城市"，经过几十年的治理，终于在2010年被授予"国家森林城市"称号，可是兰州、临汾等更多看不见的城市又迅速出现了。2010年，美媒评世界九大污染最严重地区，山西临汾位列第一，空气污染极度严重，在当地生活一天吸入的有毒气体相当于抽了3包烟。虽然山西环保厅对此评论有争议，但临汾还是笼罩在阴霾之中。

a | b 图2-7 2010年3月，沙尘暴袭击北京。

图2-8 励精图治后的本溪

图2-9 2009年12月9日，看不见的城市——临汾

环保部科技标准司副司长刘志全在2010年9月5日指出，目前全国约1/5的城市大气污染严重，113个重点城市中1/3以上空气质量达不到国家二级标准。城市之内狼烟四起，未来的中国城市还能出现晴空万里的景象吗？

图2–10　2010年10月，美国宇航局和欧洲宇航局的人造卫星从太空中拍摄到的中国东部景象

2.1

一座城市:奇迹——蓝天下的盛典

时间是2008年8月5日,北京机场走下了参加奥运会自行车项目的美国运动员Mike Friedman,他和他的同伴们听说北京空气污染严重,因此一下飞机便戴上了黑色的口罩,记者们立即拍下了他们的身影,随后这些照片被世界各大媒体迅速转载。

a | b 图2-11 2008年8月5日,美国自行车运动员戴口罩到北京。

几位运动员与众不同的行为招来了人们的非议，Mike Friedman对记者解释说："我没想到，大家会这么在意我们戴口罩这件事。我们戴口罩的原因非常简单：污染。如果你一生都是在为了一个目标训练自己，很明显，你也不想后悔，为什么不能防患于未然？"还有一位运动员说，他来北京后除了比赛的那点时间将会全程戴口罩。

这些美国运动员应该没有看到不久前的一则报道，在一篇名为《首钢搬迁焦化厂停产 污染生产方式退出北京》的文章中，记者记录了北京市民老李的感慨："现在空气新鲜多了，鲁谷居民的口罩也下岗了，我相信随着本市的降污减排和绿化工作的推进，北京市民将会呼吸到更多的新鲜空气！"

国际奥委会主席罗格也早就对运动员们说："坦白说，我觉得根本没有必要这么做"，"自从7月27日奥运村开村后，北京的空气已经有了很大的改善。"罗格主席说出了事实，从奥运会开幕前的7月27日开始，奥运期间的北京上空一扫阴霾，北京决心以17天的达标空气质量迎接世界各国的运动员。

表2-2 奥运会期间，北京空气全部达到2级良好以上标准

日 期	污染指数	首要污染物	空气质量级别	空气质量状况
2008-08-24	45	--	Ⅰ	优
2008-08-23	41	--	Ⅰ	优
2008-08-22	36	--	Ⅰ	优
2008-08-21	60	可吸入颗粒物	Ⅱ	良
2008-08-20	53	可吸入颗粒物	Ⅱ	良
2008-08-19	42	--	Ⅰ	优
2008-08-18	25	--	Ⅰ	优
2008-08-17	42	--	Ⅰ	优
2008-08-16	23	--	Ⅰ	优
2008-08-16	84	可吸入颗粒物	Ⅱ	良
2008-08-15	17	--	Ⅰ	优
2008-08-14	61	可吸入颗粒物	Ⅱ	良
2008-08-13	60	可吸入颗粒物	Ⅱ	良
2008-08-12	32	--	Ⅰ	优
2008-08-11	37	--	Ⅰ	优
2008-08-10	82	可吸入颗粒物	Ⅱ	良
2008-08-09	78	可吸入颗粒物	Ⅱ	良
2008-08-08	94	可吸入颗粒物	Ⅱ	良

在开幕式的8日晚，原本心存疑虑的运动员们没有一人再戴口罩了，他们舒展笑颜进入了鸟巢，准备参加一场史无前例的盛典。

开幕式上，盛大的表演震撼了所有的运动员，这次盛典被澳大利亚《悉尼先驱晨报》称作是“世界第八大奇迹”，伦敦的《旗帜晚报》则直接用了《中国奇迹》作为报道标题。

各国的运动员们忘情于喧嚣的鸟巢，当人们抬头仰望天空时，看到的是绚丽的烟火，而对于空气污染的忧虑早已被抛到九霄云外了。

图2–12　舒展笑颜的外国运动员

可是，负责监控北京空气质量的所有工作人员的心情却丝毫不敢放松，遍布北京的27个空气监测站正不停地将空气质量数据传输到电脑屏幕前，标示空气质量的指数就像走在钢丝上的人，不停地在警戒线附近左右摇晃，像是随时要倒向警戒线之上一样。让人感到欣慰的是，在整个奥运会期间的17个昼夜里，空气质量始终没有突破警戒线，北京用17个蓝天兑现了2001年申奥时绿色奥运的承诺。

时间退回到2001年，在那一年，北京全年的空气质量达标天数只有176天，在平均每两天多的时间里，北京的居民只会看到一天蓝天，呼吸到一天无害的空气。随后，治理空气污染的巨资投向了这座城市，随着时间的推移，北京空气年均达标天数开始不断增长，但是直到2008年，治理空气污染的效果仍不乐观，1月初到7月底的统计数据表明：北京的达标天数是149天，如果按照这个统计规律，在奥运的17天里，将会有5天的空气不达标。

可是，为什么在奥运期间北京的天空没有继续按照统计规律往下走，而是一夜之间变蓝之后便一直祥云万里呢？这是奇迹吗？在西方的《圣经》当中，有许多关于神力的描述，如万能的上帝曾说道："要有光！"于是，整个世界就有了光。在有神的世界里，所有的改变可以是弹指一挥、毫不费力的，美好与光明降临人世是瞬间的奇迹。而在人间，我们用了怎样的努力才穿上了上帝的外衣，创造了人间的奇迹呢？

图2-13　7月22日北京灰蒙蒙的天空

图2-14　8月16日北京的蓝天

北京是一座长期被大气污染困扰的城市。新中国建立之初，北京就被定位为中国的政治文化中心，而是否发展工业曾一度被争论，在天安门城楼上，北京市长彭真对建筑家梁思成说："毛主席希望将来从这里望过去，要看到处处都是烟囱。"

1953年11月，中共北京市委决定，"要打破旧的格局给与我们的限制和束缚"，明确指出行政区域要设在旧城中心，并且要在北京首先发展工业。此后，北京的钢厂、电厂和其他工厂鳞次栉比地兴建起来；与此同时，北京的人口也在不断增长，建国时北京人口只有209.2万，而到了2007年底这座城市的人口达到了1633万；北京的机动车在新中国成立初期只有2300辆，1978年发展到7.7万辆，而到2008年初早已突破了300万辆。

工厂、电厂分布在城市当中，而街道被汽车占据，煤烟型污染、机动车污染和扬尘污染成为了大气污染的罪魁祸首，每年3000万吨煤的燃烧量、300多万辆机动车的尾气排放和5000多个建筑工地的扬尘，以及周边城市吹来的空气污染物，使北京的大气质量长期处于低于2级的污染状态下。

图2-15 1954年，中国钢铁厂的工人正在工作。

表2-3 北京机动车增长表

年份	保有量(辆)	历时
1949	2300	
1997	100万	48年
2003	200万	6年
2007	300万	4年
2010	465万	3年
2015	600万(预测)	5年

图2-16 北京城市内的大烟囱

表2-4 2001年作出的北京大气颗粒物不同来源中各元素含量(mg/g)分析

元素	S	Ti	Cr	Fe	Ni	Cu	As	Pb	Sr
燃煤	8.13	12.69	0.03	12.86	0.025	0.77	0.044	0.033	9.48
燃油	0.188	0.034	0.025	1.25	0.019	0.0268	0.01	20.1	0.133
扬尘	0.159	0.248	0.136	0.2	0.015	0.03	0.019	0.119	0.223

在1998年国际卫生组织公布的世界空气污染最严重的城市排名当中，北京位列第三，“根据监测，1998年北京市区大气中总悬浮颗粒物、二氧化硫、氮氧化物年平均值分别为每立方米378、120、152微克，分别超过国家空气质量标准89%、100%和204%；比世界上大气污染最严重的墨西哥城的总悬浮颗粒物高出35%、二氧化硫高出62%；比上海、天津、重庆市的大气污染综合指数分别高出40%、33%、37%”。（《关于防治北京大气污染的工作报告》）

承诺了办一届绿色奥运的中国该如何应对严峻的空气污染问题呢？

a 2000—2007年北京PM_{10}颗粒物浓度年平均值

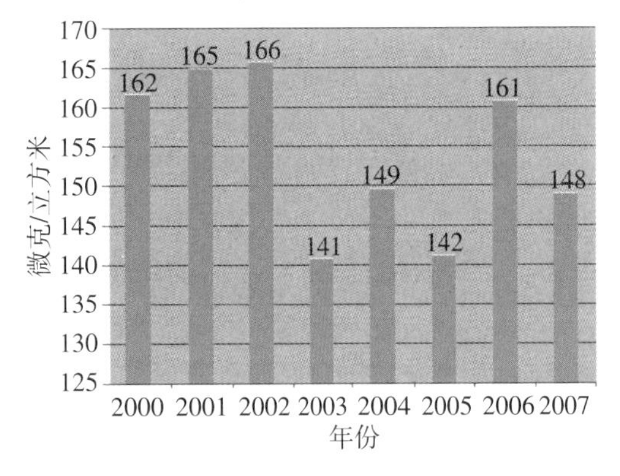

c 2000—2007年北京二氧化氮浓度年平均值

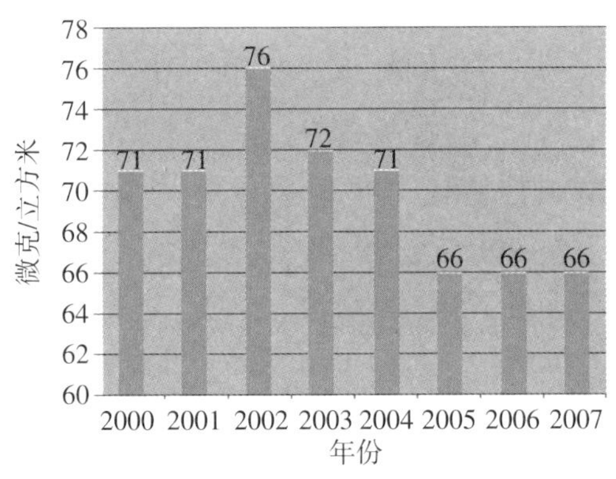

b 2000—2007年北京二氧化硫浓度年平均值

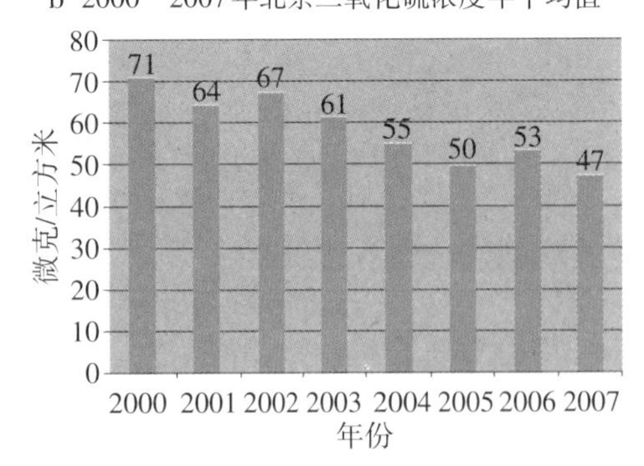

d 2000—2007年北京一氧化碳浓度年平均值

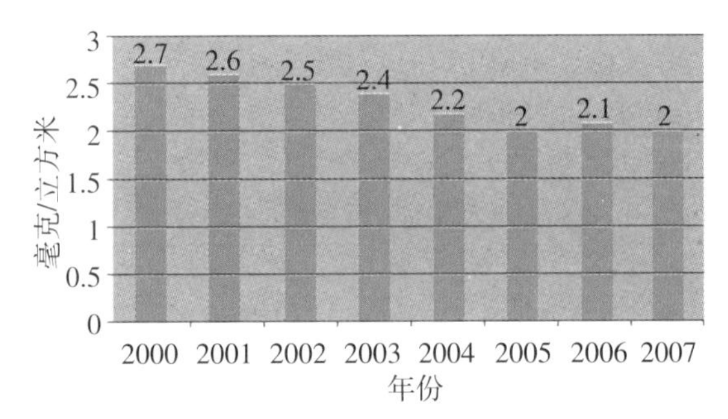

图2-17

当人们在高空俯瞰北京时，嵌在北京钢筋混凝土大饼中的首钢赫然进入人们的视野当中。首钢，中国四大钢铁公司之一，2007年钢铁年产量为1540万吨，年销售收入1090亿元，在中国企业联合会按2006年数据评选出的中国制造业500强中，首钢销售收入列第10位；在中国企业500强中，首钢列第36位。

在工业化和城市化的双重加速下，中国的城市不断扩大，城市的建筑不断增多，现代化的城市每拓展一寸土地，每增加一座建筑，都需要大量的钢材。为了北京奥运所修建的鸟巢国家体育场和水立方场馆，处处可以看到巨大的钢铁骨架，鸟巢用钢量为11万吨，差不多是1949年中国全国的钢铁产量，外部用钢量为4.2万吨，其中所用的GJ345D型钢材正是首钢所产，鸟巢每平方米的用钢量达到500公斤，而2000年悉尼奥运会的平均用钢量只有30公斤／平方米。

a | b 图2-18 首钢全貌

图2-19 钢铁鸟巢

图2-20 钢铁水立方

这个占地面积11.85平方公里的世界级生产规模的大型钢铁企业，曾为北京乃至中国的城市建设做出了巨大的贡献，却也直接将百米高的巨大烟囱伸向了北京的蓝天。在北京每年对大气所排放的11万吨污染物当中，首钢占了1.8万吨。当人们醉心于大都市的繁荣，惊异于新建筑奇异的设计时，钢铁厂产生的污染正在悄悄地使北京的蓝天发生变化，这种日积月累的变化最终进入了人们的视野：鸟巢之上的天空变黑了。

图2-21　大首钢，大烟囱

如何继续保持首钢对中国钢铁市场的巨大供应量，而同时又不让它污染北京的蓝天？

既然不能停止生产，又不能污染大气，那么唯一的方法就是将首钢搬离北京。2005年2月，国家发改委批复了首钢搬迁方案，同意其实施压产、搬迁、结构调整和环境治理，计划在225公里之外的河北唐山曹妃甸建设一个新首钢。首钢的车间开始停产了，烟囱也不再排放烟尘了。

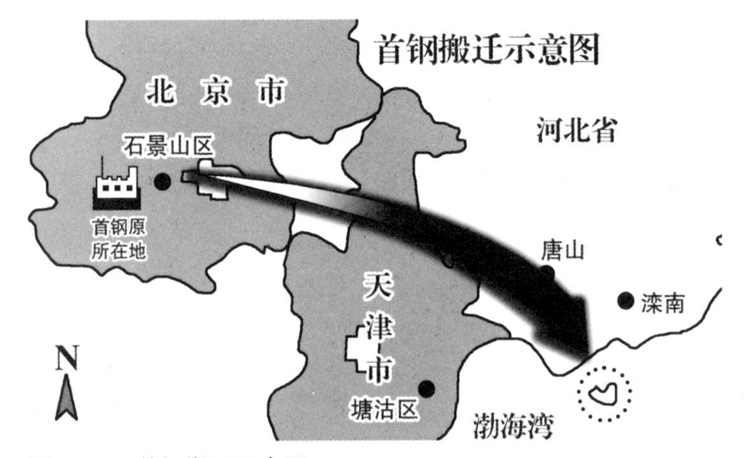

图2-22　首钢搬迁示意图

这是一项巨大的搬迁工程,全部花费为677亿。为了防止腐败发生,避免国有资产流失,石景山区人民检察院介入了首钢的搬迁费用监督,对多达800处的厂处级部门进行重点监督。这次搬迁总共涉及8.4万名职工当中6万多人的安置。首钢的一名老员工边树南说:"我在这里工作了十多年,对停产的第三炼钢厂特别有感情,因为这座厂只有'十六岁',还算是青壮年时期,主要是为了奥运停产,根据工厂的安排,我留守在这里。"边树南的6.47万名同事们,有80%以上通过技能培训后,将被派遣到首钢顺义冷轧厂、首钢河北迁安厂区以及曹妃甸新建设的京唐钢铁厂;年龄较大、身体条件不允许和家庭有困难的职工,将自主选择退休或提前退休,领取补助和退休金;剩余人员进入再就业中心,经过双岗培训后重新走入社会,实现就业。

除了搬迁之外,首钢先后停止了特钢公司、铁合金厂全部电炉和冷轧带钢厂、重型机器厂、初轧厂和年产200万吨的第一炼钢厂的生产,2007年到奥运开幕之前,又相继停产了炼铁厂4号高炉和第三炼钢厂等,奥运期间还没有搬出北京的厂区又最大限度地降低了生产,最终使得首钢各项排放下降了70%以上。

搬迁后的石景山老厂区将改建成后工业文化创意产业区,冒着黑烟的首钢工业成为了可供人们回忆的文化对象。与此同时,迁到河北的钢铁厂则依靠丰富的水资源优势和矿产优势,迅速投入生产。首钢董事长朱继民说,首钢搬到河北后,将进行环保生产,减少给当地带来的污染。新厂的生产规划是在2012年钢产量达到3000亿吨。将来的首钢采用何种环保生产措施,将要排出多少烟尘废气,都已经与北京无关了。

图2-23 首钢职工在即将停产的4号高炉前合影(2008年1月1日摄)。

图2-24 4号高炉停产,北京开始告别了重工业发展的道路。

除了治理钢铁厂污染之外，降低发电厂污染的任务同样艰巨。中国当前超过70%的电力是通过燃烧煤炭获得的，在2008年，这个比例达到了81%。

图2-25 中国电力来源(2008年)

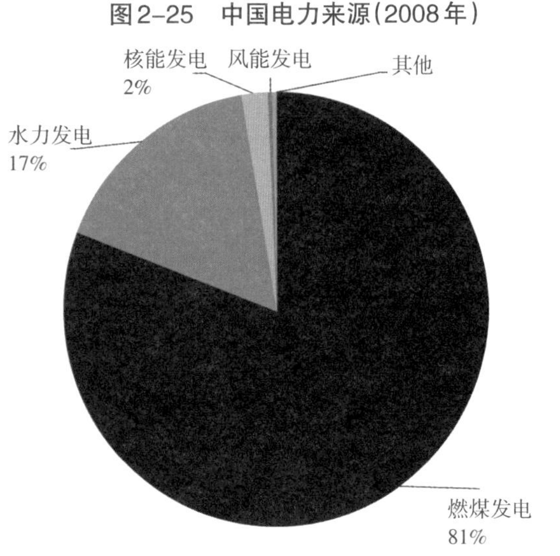

在燃煤废气所产生的各种污染物质当中，SO_2对生态破坏最大，如果以煤的含硫量1%—3%计算，一个120万千瓦的发电厂一天排放100—300吨SO_2，可以污染300—1000立方公里的大气。如果考虑到SO_2比空气重，是贴着地面走的，那么其污染的范围一天就可以达数千平方公里。据华盛顿世界观察研究所在1992年所发表的一项报告称，每向大气中排600万吨SO_2，就会让100万平方公里土地变成不毛之地，而我国现有的3.3亿千瓦发电机组中约有2.5亿千瓦是火力发电(《历年电力装机和发电量的构成比(1952—2001)》，国家电力信息网)，它们每年要烧掉8亿吨煤炭，向大气中排放上千万吨SO_2。(谢剑峰:《环境要闻:河北电厂脱硫迈大步》，国家环保总局网站)

北京在申请2008年奥运会主办权之前，燃煤火力发电厂遍布周边，仅市近郊就总共有9家发电厂，除2家水力发电厂以外，其余均为燃煤火力发电厂。

图2-26 发电厂遍布北京

图2-27 京西北火力发电厂分布示意图

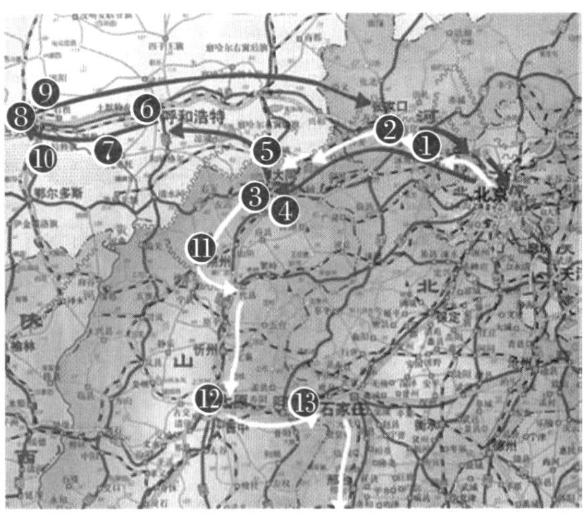

1. 下花园电厂 2. 沙岭子电厂 3. 大同第一电厂 4. 大同第二电厂 5. 丰镇电厂 6. 呼市电厂 7. 托克托电厂 8. 包头第一热电厂 9. 包头第二热电厂 10. 达拉特电厂 11. 神头电厂 12. 太原电厂 13. 平定电厂

如何既保证奥运期间北京正常的高电力需求量,又不会对空气造成污染?北京市首先决定采取措施改变位于北京的发电厂和其他发电单位燃煤发电的方式,随后高井热电厂、华能高碑店热电厂、国华东郊热电厂和京能石景山热电厂四大燃煤热电厂开始进行煤改气或异地新建燃气热电厂的改造。

图2–28

a 华能北京高碑店发电厂

b 北京华能电厂

c 下花园发电厂

d 沙岭子发电厂

与此同时，所有新建和改造的奥运场馆将采用新型供电方式，观看奥运比赛的700万人次将享受到绿色电力，其中鸟巢使用了太阳能电力，开幕式上91000名观众和各国运动员享受到的光明正是绿色发电方式带来的。

而北京其余1600万市民和众多工厂企业用电则大部分由外省市提供，周边省市提供了北京70%的电力。有人形象地说："北京三盏灯中就有一盏是山西点亮的。"尽管外省的发电厂也正在进行去煤化的改革，却还远远不能摆脱对煤炭的依赖，远程输电线路网将电力输送到了北京，将污染留在了外省。

图2-29 兼得蓝天与光亮

图2-30 远程输电

a | b 图2-31 合理的道路，紧急的抉择

通过一系列的努力，电厂和钢厂的污染问题得到了大大的缓解，与此同时，治污的措施也指向了其他工厂企业，冶金、化工、水泥、电镀、医药行业纷纷进行了清洁生产改革。因为是紧急措施，改革影响了厂家的经济效益，企业显得动力不足，国家采取了对企业进行资金补助的措施以减少执行新政策的阻力。到2007年底，100家参与改革的企业年生产将节电987.6万千瓦时、节标煤3.1万吨、削减烟尘86.9吨、削减SO_2排放1428吨。

图2-32 WWF在北京做的实验，一辆汽车排放的尾气很快充满了巨大的气球。

奥运前夕，北京的汽车数量正向着400万辆冲刺，北京二环路全长为32.7公里，双向共6车道，如果按照一辆小汽车4.5米长计算，二环路全排满可容纳近4.36万辆车。同理，三环路可容纳6.4万辆车，四环路可容纳约11.61万辆车。三条环路排满也只能容纳22.37万辆车，仅占400万辆的5.6%。也就是说，北京市每100辆车中如果有6辆车同时上了这三条环路，三条环路就水泄不通了。相较于高大的烟囱，细细的汽车尾气排放管排出的尾气似乎微不足道，可是鲜为人知的是，一辆轿车一年排出的废气总重是其自身重量的3倍多，而近400万辆汽车排放了北京市超过60%的废气。

图2-33 北京车患（2007年8月9日）

堵车与尾气污染同时成为亟待解决的问题，一举两得的办法就是限制汽车开上公路。7月20日北京开始实行单双号限行交通政策，在单号只有尾号为单数的汽车可以出行，在双号只有尾号为双数的汽车可以出行，如此一来，公路上的汽车大大减少了，相应的，尾气排放也大大下降。新措施改变了空气质量，也改变了人们的生活方式，有些车主选择了别的出行方式，而更多的车主开始纷纷寻找每天行车路线相同的异号车拼车上班，人们喊出了一个有趣的口号："为了奥运，我们拼了！"

另外北京还有30多万辆排放废气量较大的汽车被贴上了黄标签，这些车只占全市机动车总量的10%，但污染物排放量却占总量的50%，自7月1日起至9月20日，所有的"黄标车"全面禁行。加上其他机动车管理措施，奥运期间北京机动车污染物排放总量将减少63%，约11.8万吨。

图2-34　北京公路限号前后

图2-35　奥运紧急治污效果

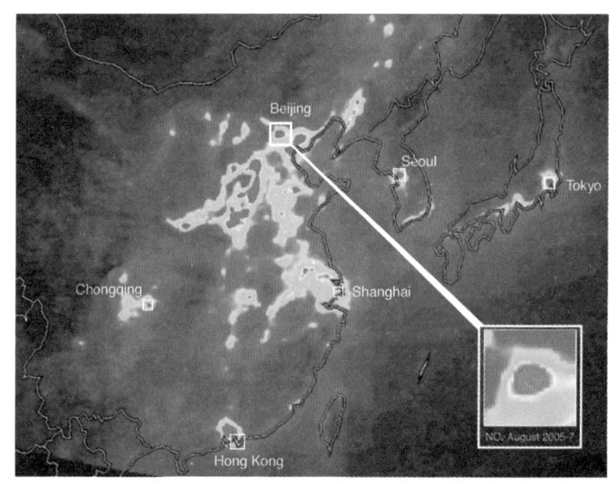

a　2005年8月—2007年8月中国东部空中平均NO_2含量

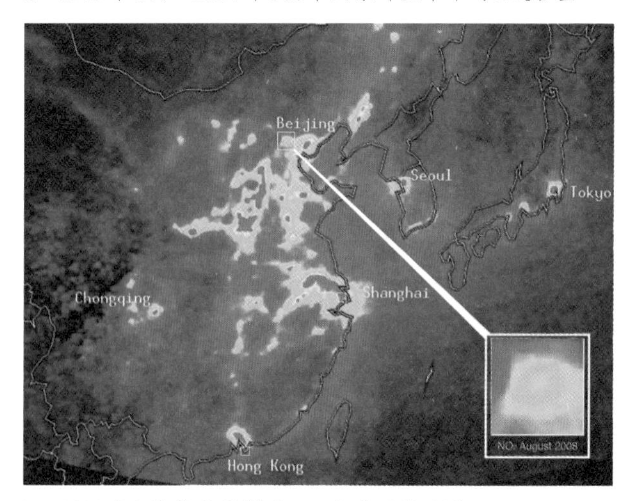

b　2008年8月交通限制后NO_2浓度下降了近50%

经过了长达近十年的努力，北京的空气质量已大大改善，可是所做的一切还是不足以使北京的空气质量达到2级标准以上。为了使空气质量线降到红线以下，北京周边省市和北京市内的许多工厂在奥运期间完全停工停产，涉及一切污染空气的生产生活均被严格管制。最后一根稻草终于将污染的驼峰压垮了，北京的天空临近8月时突然放晴！

a | b 图2-36 北京的奥运蓝天

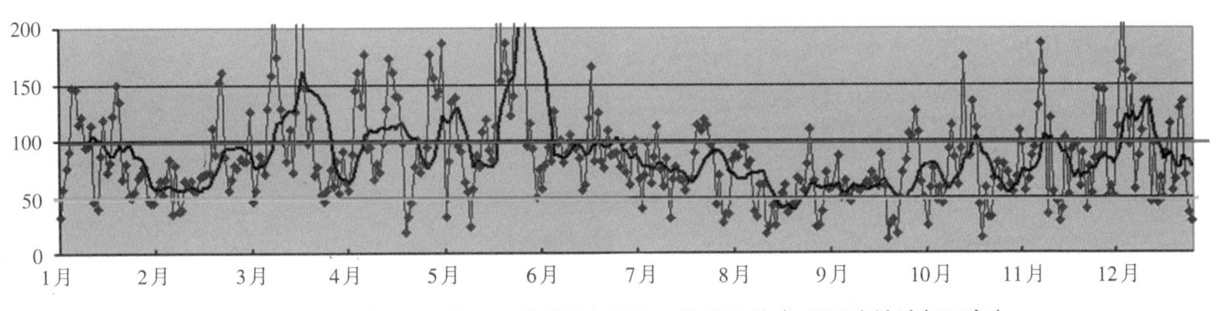

图2-37 北京2008年API指数(在进入8月后突然出现了连续达标天气)

2008年8月24日，随着一名叫纳西斯的法国手球运动员离开赛场，所有的比赛结束了，外国运动员们也相继离开了北京。多年后，他们定会清晰地记得17天里的欢笑和泪水，或许，他们也会想起17天里鸟巢之上那湛蓝的天空。

随着奥运会和残奥会的闭幕，非常态的控制措施也开始相继废止，北京的蓝天又开始出现了灰色。中国科学院大气物理研究所研究员王跃思在接受采访时坦言："奥运会和残奥会期间，对污染源的控制是一个非常规的控制，奥运之后这些控制会相继取消，肯定会造成大气污染的反弹。"

当历史清晰地展现在我们面前时，人间的一切显得那么的有章可循，世间没有上帝，我们创造的短暂蓝天用去了近十年的时间，牵扯了几乎所有的华北省市，而永久的蓝天需要用多大的代价才能换来呢？

后记：2009年6月1日到2010年5月31日，卢为薇和范涛每天对北京的天空进行拍摄，在他们看来，北京只有180天是蓝天，占到了全年的49%，而官方公布的同期数据为78%。

图2-38　逝去的奥运，逝去的蓝天（鸟巢，2009年4月12日）

图2-39　2008年8—11月北京API指数（空气质量随着奥运交通措施的停止出现了反弹）

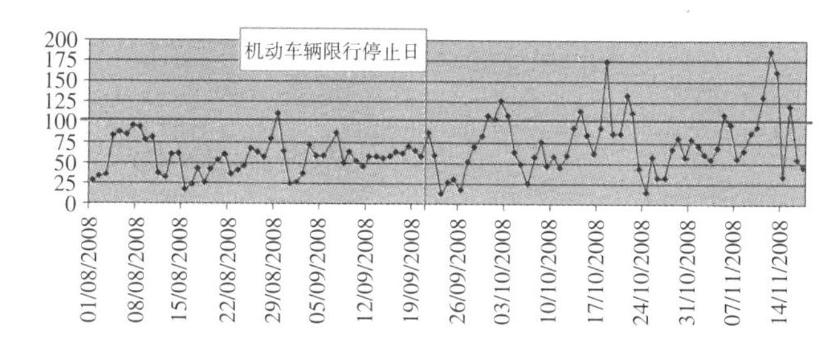

图2-40　北京阴霾的蓝天

2.2 一条街道：指引方向的人倒下了

车流是城市生活的明快节奏，它连接了居所、单位、学校、商场、医院等一切城市的建筑，车的节奏就是城市人的生活节奏，但当家家都拥有一辆汽车后，车流又常常成为混乱的曲章。

图2-41　有序的车流

图2-42　无序的车流

原本紧张明快的都市生活又一次被打乱了，堵车给人们带来了焦虑和急躁。

更糟的是，人们被告知：尾气会对健康造成很大的伤害，将引发呼吸道、肺部、男性生殖系统疾病，甚至是癌症。专家提醒司机和乘客：在今天的城市里，驾驶时尽量不要开车窗，尤其是堵车时车外尾气含量剧增，开车窗更是要不得。

为了自己的健康，越来越多的司机选择了关起车窗。大家无奈地等着交通警察来疏导交通。

a | b　图2-43　尾气

图2-44　堵车

图2–45　交警维护秩序

图2–46　福州交警戴空气过滤鼻罩执勤

他们来了，指引方向的人，专业的手势，权威的命令，很快就使道路重新畅通了。所有的司机踩下油门，汽车像从线团疙瘩中抽出的线一样迅速驶离了堵车地点。

而没有离开的交警却成为汽车尾气的最先吸入者和最大的“吸尘器”，他们在指挥交通的过程中自始至终呼吸着浓烈的尾气，日复一日地迎来送往着冒着毒气的汽车。

人们每天都要在路上看到他们的身影，同样的制服，却是不同的脸庞，有些人被告知患了各种职业病，再也无法回到指挥岗位上。来自《中国交通警察职业性影响及防护对策研究》的资料和对全国 8 个城市 5025 名交警的调查显示，在职交警平均死亡年龄为 43 岁，交警的死亡率明显高于一般人群，整体平均寿命也比常人短 5 年以上。而深圳交警在每年市保健办组织的体检中，90%以上患有鼻咽炎等各种不同程度的职业疾病，一线交警体内铅含量普遍高出常人的 100 多倍。这些指引方向的人，在尾气的强烈污染下早早地倒下了。

图2-47　不仅是代步工具——车成为了财富、地位等的文化载体。

汽车是每个城市人参与便捷高效的现代生活的工具，在今天的中国，它多少还是身份的象征，良好生活质量的标志，或许，还代表了更多。

近十年来，我国的汽车年增长率保持在10%以上的速度上，仅2011年一年汽车销售量就达到了1850.51万辆。中国正在进入汽车时代，几乎每个家庭都希望拥有至少一辆私家车，汽车的高速增长还将持续至少20年。

百万辆

25
20
15
10
5
0

年增长10%

年份	2002	2003	2004	2005	2006	2007	2008	2009	2010	2011	2012	2013	2014	2015
百万辆	3.2	4.4	5.1	5.9	7.1	8.8	9.4	10.3	11.4	12.5	13.8	15.1	16.7	18.3

图2-48　中国汽车年产量统计

图2-49　上海大众汽车的下线汽车停放场

更多的车辆需要更多的交警来指引方向，更多的尾气又会使交警的健康状况更加恶化，难道交警们前仆后继地倒下是我们维持城市秩序的必要代价吗？在将来我们还能付出多大代价来面对来势汹汹的车流呢？2010年3月，全国政协委员濮存昕骑自行车来到北京国际饭店报到，他对记者说：“要是方便停车，我都想骑车去大会堂。”这样的观念在今天还是太少了！

图2-50　滚滚车流

图2-51　2010年3月“两会”期间，全国政协委员濮存昕骑自行车到北京国际饭店报到。

2.3

一栋房屋：本来无一物，何处惹尘埃

“初民，在树叶搭起来的庇护物中，还不懂得如何在四周潮湿的环境中保护自己。他匍匐进入附近的洞穴，惊奇地发现洞穴里是干燥的，他开始为自己的发现欢欣。但不久，黑暗和污秽的空气又包围了他，他不能再忍受下去。”（劳吉埃尔：《论建筑》）人们对物的使用总是易于趋利忘害的，我们在得到更多好处的同时，其实也在面临更多的危险。

图2–52　徐冰作品《尘埃》

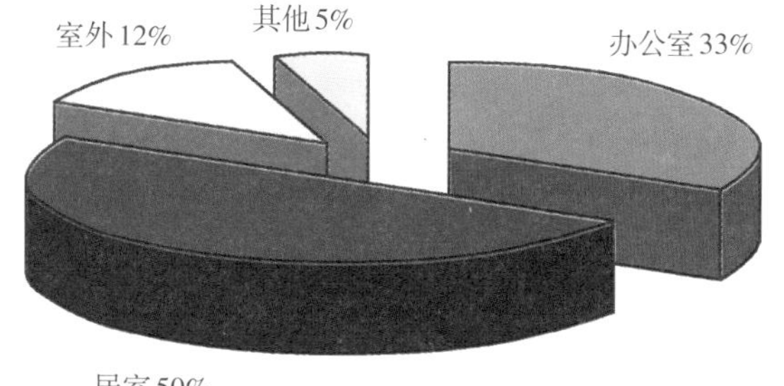

图2-53　现代人室内活动时间

自人类走入洞穴以来一直是入室而居的，在居住文明之始，洞穴的内部非常简单，只是满足遮风避雨、抵御猛兽侵袭等最基本的需要，直到今天，居所的基本功能同数十万年前一样，那就是为人类的身体和心灵提供栖息之所。

随着农耕社会的到来，人们走出洞穴，营造屋室，真正意义上的建筑诞生了，人们开始对房屋寄予了更多的诉求。

图2-54　北京人洞穴内部

图2-55　半坡人木构架茅草建筑示意图

在所有的建筑当中，皇宫无疑承载了最多的诉求。皇家贵族对资源、艺匠的使用是随心所欲的，所建的楼宇不但用于居住、朝政，而且也要求它传递出权力无上、地位崇高、财富无边和江山永固等各种信息。

故宫从明朝永乐五年开始兴建，耗费了大量的人力、财力和建筑材料，仅木材一项，便是由无数劳工从浙江、江西、湖南、湖北、四川等地的深山当中砍伐，而后又顺水运到北京，再由大量工匠雕刻安装。故宫的角楼，光屋檐及斗拱就由4600多块紫檀构件组成，整个角楼全部重量超过10吨，如果按紫檀10%的出料率估算，实际用料将超过100吨；而在俗称“金銮殿”的太和殿当中，建造木柱用的木材用料的尺寸都是大径级、大长度的巨型木料，如中部木柱的柱径粗达1060毫米。

与之相比，普通民居则显得质朴无华，百姓的居所还是以满足基本的居住需要而建，雕梁画栋对大部分人来讲是奢侈的梦。

a | b 图2-56 皇家建筑的文化承载

图2–57　现代家居

但是，随着近代化学、材料学的兴起，今日的建筑已经在很大程度上脱离了对自然材料的依赖，“新的化学物质像涓涓溪流不断地从我们的实验室里涌出，单是在美国，每一年几乎有500种化学合成物在实际应用上找到它们的出路。”（蕾切尔·卡逊：《寂静的春天》）人们对房屋承载自我观念的欲望一下子被释放出来，所有的房间里开满了塑料玫瑰花。

在诸多被应用于室内装修的人造物中，甲醛的地位显得尤为突出。甲醛少量地存在于自然界当中，纯的甲醛在常温下是一种具有窒息作用的无色气体，40%的甲醛溶液被称为福尔马林，具有反生命过程的性质，常被用来浸泡有机标本和尸体，也被用作天然木材的防腐剂。

1929年，甲醛和尿素在催化剂作用下产生的缩聚物——脲醛树脂开始在工业上用作胶粘剂；1962年，这种胶粘剂成为我国胶合板生产的主要原料。虽然含有甲醛的装修、家具材料具有剧毒性质，但因为其生产方便、成本极低，因此含有甲醛的压缩板、密度板和拆装方便的板式家具成为现代人家具、装饰的首选。尽管国家在2002年制定了严格限制家装和家具中甲醛使用的标准，但仍然有大量的甲醛超标材料涌入市场。

甲醛虽然使我们实现了居所梦，却又会对人体造成很大的危害，长期接触甲醛，可以导致鼻咽癌和白血病等多种癌症的发生。我国在1998年出现了首例因甲醛超标而引起的室内装修案件，此后因甲醛污染引起的法律纠纷和导致病症的事件大量出现。

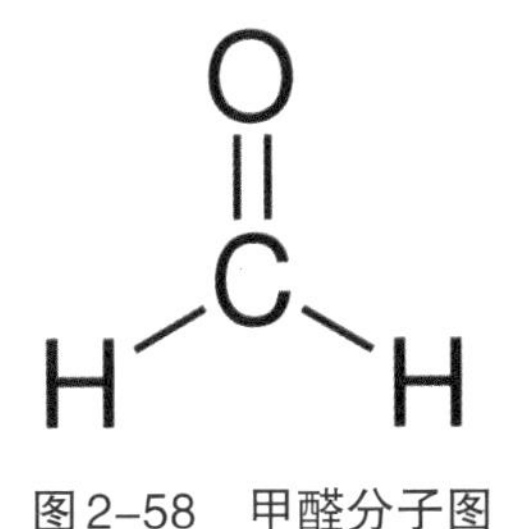

图2-58　甲醛分子图

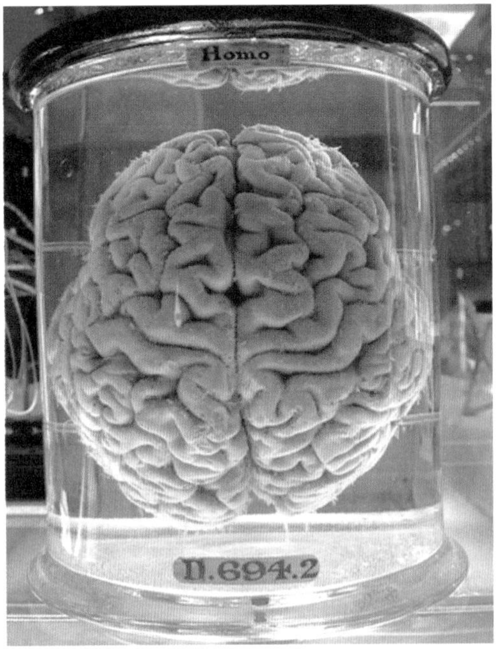

图2-59　甲醛具有停止生命过程的功能

图2-60　现代家具中含有致命甲醛

除甲醛之外，室内装修使用的各种涂料、油漆、墙布、胶粘剂、人造板材、大理石地板以及新购买的家具等，都会散发出酚、石棉粉尘等有害物质。美国专家检测发现，在室内空气中存在500多种挥发性有机化合物（VOCs），其中致癌物质就有20多种，致病病毒200多种，大部分来自装修和家具，这些物质时时威胁着人们的健康和快乐。

图2-61 甲醛对人的危害

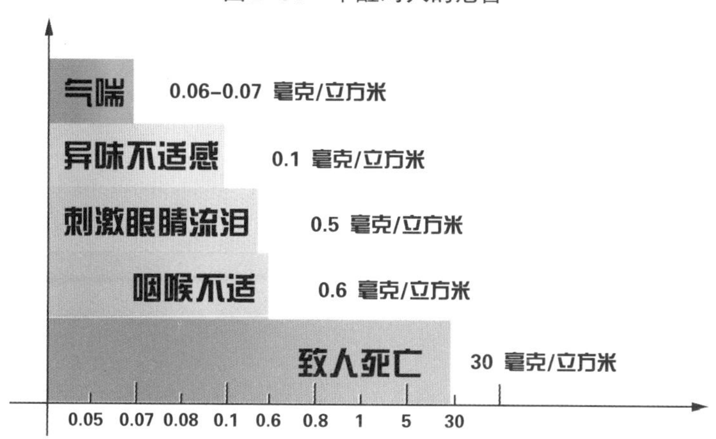

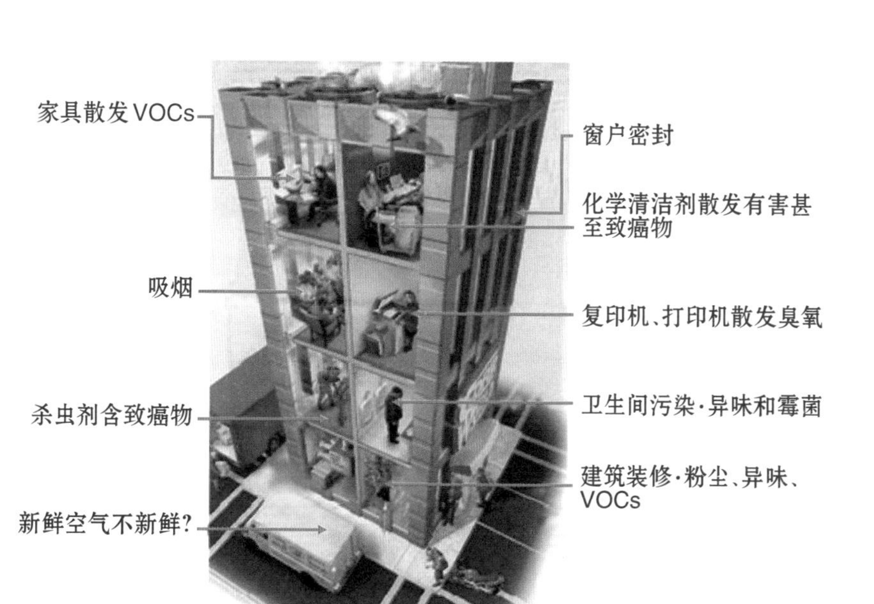

图2-62 室内空气污染示意图

图2-63　徐冰作品《尘埃》英文字意：本来无一物，何处惹尘埃？

装修、添置不断地外化着我们的欲望，也反过来不断地异化着室内的空气，异化着我们的身体，这是人们始料未及的，因为“人们恰恰很难辨认自己创造出的魔鬼”（阿伯特·斯切维泽）。

更多的渴求、更多的欲望必然伴随更多危险的增长，既然对美好居所的追求无法停止，那么最好的方式或许是退而求其次——“时时勤拂拭，勿使惹尘埃”。

3 水污染：腐水难收

图3-1 中国与世界的人均水资源比较

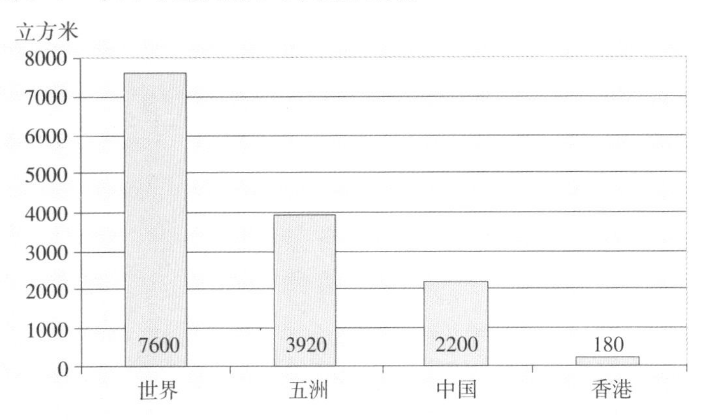

我国是一个水资源严重短缺的国家，人均水资源占有量只有2200立方米，如果把世界人均可利用水资源看作一满杯的话，中国的人均水资源则只有大概1/4杯。而在全国的660多个城市中，有400多个城市供水不足，其中有110个城市严重缺水。

图3-2 大地无水

城市人口不断增多，加剧了河流的生态承载力，而更为严重的是污染所造成的水质型短缺使得中国大部分城市只能从污泥中取浊水。在以前水资源丰富的珠江三角洲地区和长江三角洲地区，最近几年也出现了水质型水资源短缺，相当数量的水因为严重污染而变得不可使用。在长三角地区的太湖区域周围有苏州、无锡、常州等大大小小近10个城镇，上个世纪90年代以来，周边城镇的大量污水直接排放到太湖当中，太湖水多次爆发蓝藻事件，而2007年8月太湖爆发了有史以来程度最严重的蓝藻污染，数百万无锡市民无法正常引用自来水，曾经的太湖美已不复存在。

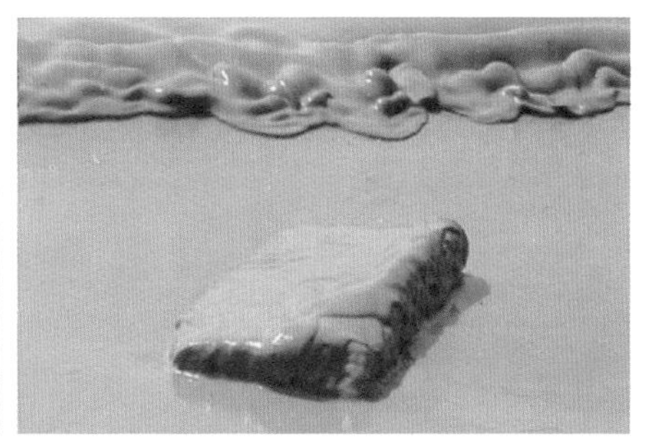

a	c
b	

图3–3　工业化与城市化破坏了自然界原有的微妙循环。

工业废物是水污染的另一个主要原因，中国平均1万元的工业增加值须耗水330立方米，并产生230立方米污水；每创造1亿元GDP就要排放28.8万吨废水，其中80%以上未经处理就直接排放进河道，要不了10年，中国就会出现无水可用的局面。

在产生工业废水的工厂当中，国有企业规模大，是排污大户，在黄河河段上，仅中石油兰州石化公司就有长达26.77千米的油污干管的排污口，每小时的排污达3550吨，兰州人引以为豪的“黄河40里风情线”上竟有30个排污口。此外，国企工厂也是引起突发性水污染事件的主要单位，其中2005年的松花江事件尤为典型：由于吉林石化车间操作不当造成苯泄漏，致使松花江形成长达80千米的污染带，一起生产车间事故最终演变成为一起重特大跨国环境污染事件。

图3–4　污染环境没道理

图3–5　2005年松花江水污染

私有企业对水污染也难辞其咎。由于私有企业较少受到国家政策的优惠与扶持，在市场上相对于国有企业竞争力非常弱，为了削减产品成本，大多数并没有建立有效的污水处理设施，也未按照规定排污，发展起来的私有企业基本采取将生态成本转移到自然当中的办法，使得自然和他人成为私企发展的受害者。

2009年2月，盐城市标新化工有限公司长达一年多的非法排污致使市区20多万居民被停止供应饮用水达66小时40分钟，原董事长胡文标一审被判处有期徒刑11年。

图3-6 盐城市标新化工有限公司生产厂区内堆放的化工原料，左侧是排放污水的暗沟。

经济的增长使我们能用的水越来越少，而人口的增长却使我们要用的水越来越多，即便是经济不发展，只是城市人口的增加也使江河的承载能力变得不堪重负。10多年来，我国城市生活污水排放量每年以5%的速度递增，在1999年首次超过工业污水排放量，2001年城市生活污水排放量221亿吨，占全国污水排放总量的53.2%。据测算，2010年城市生活污水排放量为1050亿立方米左右，有学者对中国2020年城市生活污水排放量进行警告性预测、滚动性预测和循环经济方案预测，分别为4.024×1010吨、3.554×1010吨和1.735×1010吨。（韩振宇：《中国2020年城市生活污水排放量预测及淡水资源财富GDP指标的建立》）

经济的发展和人口的增长已经使我们无法进行及时的污水处理，以昆明为例，该市污水处理厂的兴建总是滞后于城市的发展，一个300万人口的城市每天排出八九十万吨的污水，从建设第一污水厂到第六污水厂，均远远落后于城市化和工业化的发展，水污染从化工厂和城市沿江蔓延，每天至少有一半的污水源源不断地流向其临近的滇池。

图3–7　昆明的污水造成了滇池的绿藻爆发

而从全国范围来看，根据2006年初的统计，全国有278个城市没有建成污水处理厂，至少30多个城市的约50多座污水处理厂运行符合率不足30%，或者根本没有运行。几年前世界银行曾作出预测，“如果不进行重大的污染控制举措，即在‘一切照常的情况下’，中国快速的经济增长到2010年将增加污染排放约30%。”如今预测已变为现实，而我们对未来的预测更不乐观，中国的水污染将呈指数增长。

不堪重负的河流提供了城市发展的水资源，而城市对污水的处理却远远不够，以至于城市反馈给河流的总是源源不断的污水。一条河流流到城市时是供水管，流出城市时却成了下水道，水污染从城市向整条江河蔓延，全国出现了有水皆污的现状，农村居民也承担了城市发展的代价。

图3-8　污水从城市和工厂流向全国

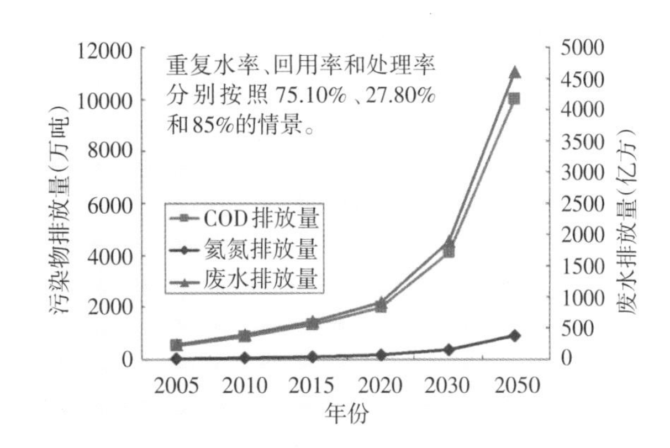

图3-9　中国污水排放量在未来将呈指数增长

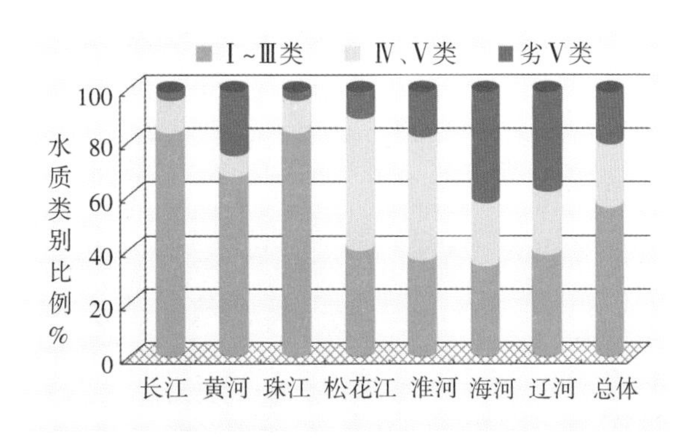

图3-10　2009年七大水系水质类别比例

每吨污水需要20吨清水才能将其净化，即使长江全部是清水，也无法净化全国的污水。水污染又从陆地河流扩展到了海洋，中国的近海已被污染殆尽，蓝色的海水变得浑浊不堪。

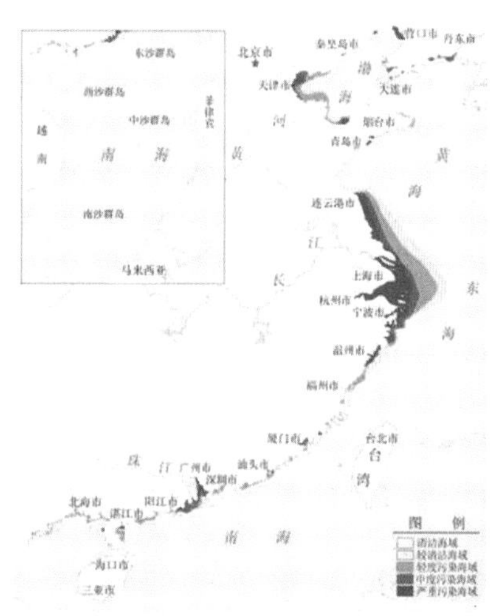

a 中国近海污染示意图

c 渤海湾污染卫星图

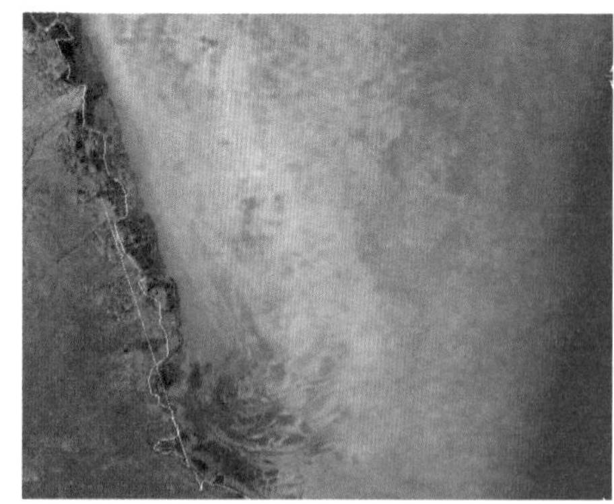

b 江浙沿岸污染卫星图

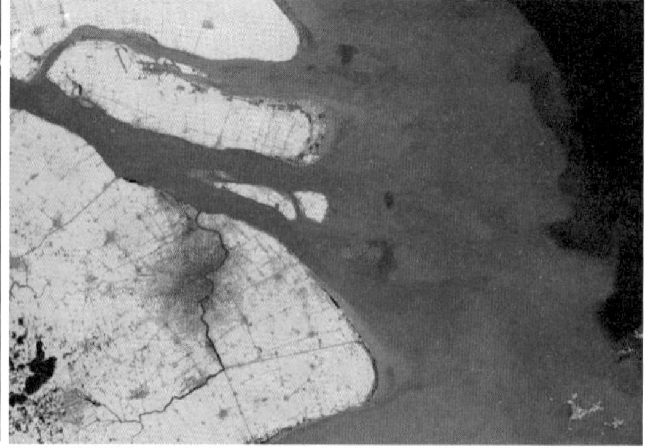

d 上海沿岸污染卫星图

图3-11 中国近海污染示意图

古人曾讲,流水不腐,可现在流淌在大地上的却全是腐水,中国的水污染危机已经到来了。我们不禁要问,腐水是否难收?我们在将来是否还有一个清澈的泱泱大国?或许我们要回到水污染的源头,去了解事情的真相,才可能找到未来的出路。

图3–12 腐水难收

3.1

国企水污染：诡异——末端巨震的苯爆炸

这是一个值得重提的故事：2005年11月13日下午1：45左右，位于吉林省吉林市的吉林石化公司又一次发生了生产安全事故，由于工人违规操作，致使双苯厂（101厂）的新苯胺装置发生爆炸，引起化工原料火灾，方圆数公里的市民听到了两声巨响，紧随而来的巨大苯蘑菇云腾空而起。

家住吉林市龙潭区、在吉化工作了30年的退休工人林师傅正在午睡，随后，山崩地裂般的震动使他顷刻间清醒了，“什么情况？不会是……”2001年10月8日和2004年12月30日，双苯厂苯酚车间与102厂爆炸的声音和震动还让他心有余悸，事隔一年，爆炸又发生了。林师傅察看了一下家里受损的情况，他的住处离双苯厂有1 000米，爆炸的震波却将他家面对爆炸方向的窗玻璃震碎了，庆幸的是他在别的房间午睡，家中的损失不大。

图3–13 吉林石化爆炸产生的蘑菇云

林师傅此时绝对不会想到,他看到的蘑菇云在几天之后还将改变哈尔滨和其他若干个城市几百万人的生存命运,在十几天之后还将使中国在俄罗斯和全世界的目光关注下,对一起跨国重特大污染事故进行艰难的救赎。

熟悉基本物理知识的人都知道,一次爆炸的破坏效果,将随着离开爆心的距离和爆炸后时间的流逝而逐渐减弱。可为什么这次爆炸由一座工厂的生产安全事故变成了200公里之外一座城市的污染问题,最终又成为了影响到1000公里之外的国际环境问题呢?

从波及范围来看,这是一次比原子弹还要有威力的爆炸,此外,它还是一次随着时间的流逝和距离的延长而愈显威力的诡异爆炸。如果爆炸本身的那团苯烟雾符合物理规律,在此后的时间里它的影响本应越来越小,是什么造成了最终的"巨震"?

我们在日后翻阅新闻和图片资料时看到,每一个人都在自己的岗位上为拯救面前的灾难而努力,可是为什么众人的合力造成了最坏的后果?

还是让我们回到吉林市,从头讲起吧。

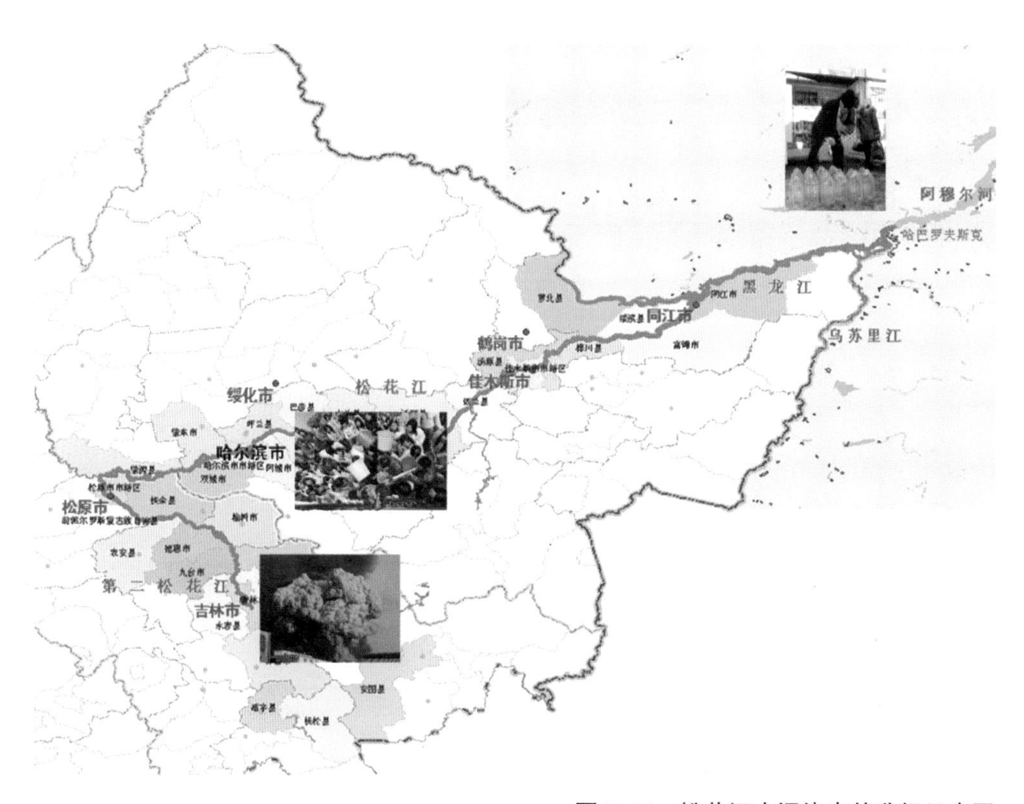

图3-14　松花江水污染事件升级示意图

通过重化工业发展拉动经济增长是中国许多城市的惯用模式，吉林这座化工城更是如此，吉林市得天独厚的化工产业发展条件——良好的松花江水源、电力、矿产资源，让其成为很多化工企业的青睐之地。2005年，美国《福布斯》杂志为此还专门推荐吉林——中国最适宜开设工厂的城市。

这次爆炸的双苯厂是中石油下属的吉林石化双苯厂。吉林石化上缴税金一度占全市化工行业税收贡献的近90%，离开了化工厂，吉林的经济要完全另寻出路。这些大大小小的化工厂不是分布在人烟稀少的市郊，而是大部分都在人口密集的城区。很多吉林市居民像林师傅一样，他们的工作、生活都与和他们一墙之隔的化工厂有着密切的关系。而当爆炸发生时，吉林市民几乎是零距离地面对威胁。

图3–15　城市中的炸弹

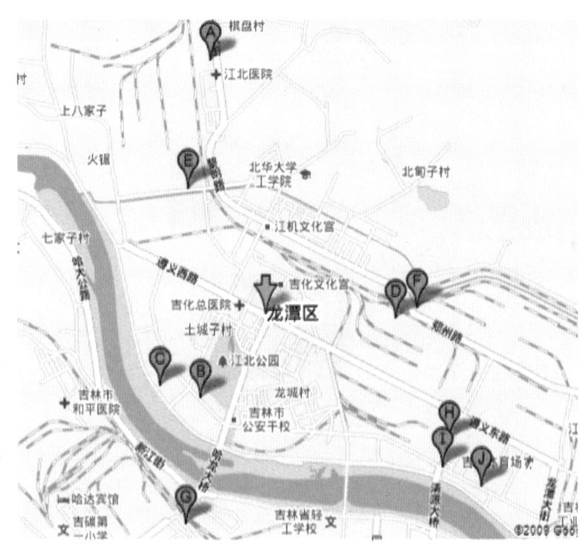

图3–16　吉林市龙潭区的化工厂分布情况图

注：吉林市九三学社2008年10月完成的一份调研报告显示，吉林市共有化工生产企业208户，其中规模以上企业61户。

爆炸先后发生了六次，产生的蘑菇云四散开来，化工厂周围弥漫着黄色烟雾，人们闻到了刺激性的气味，让人呼吸起来十分难受。毒烟当中含有苯、作为中间体的硝基苯，以及成品苯胺，都属于有毒化学品，对人的伤害非常大。除此之外，爆炸产生的火焰和冲击波毁坏了周围的民房设施，造成了人员伤亡。当场有5名人员死亡，另有1人失踪，120多人受伤。

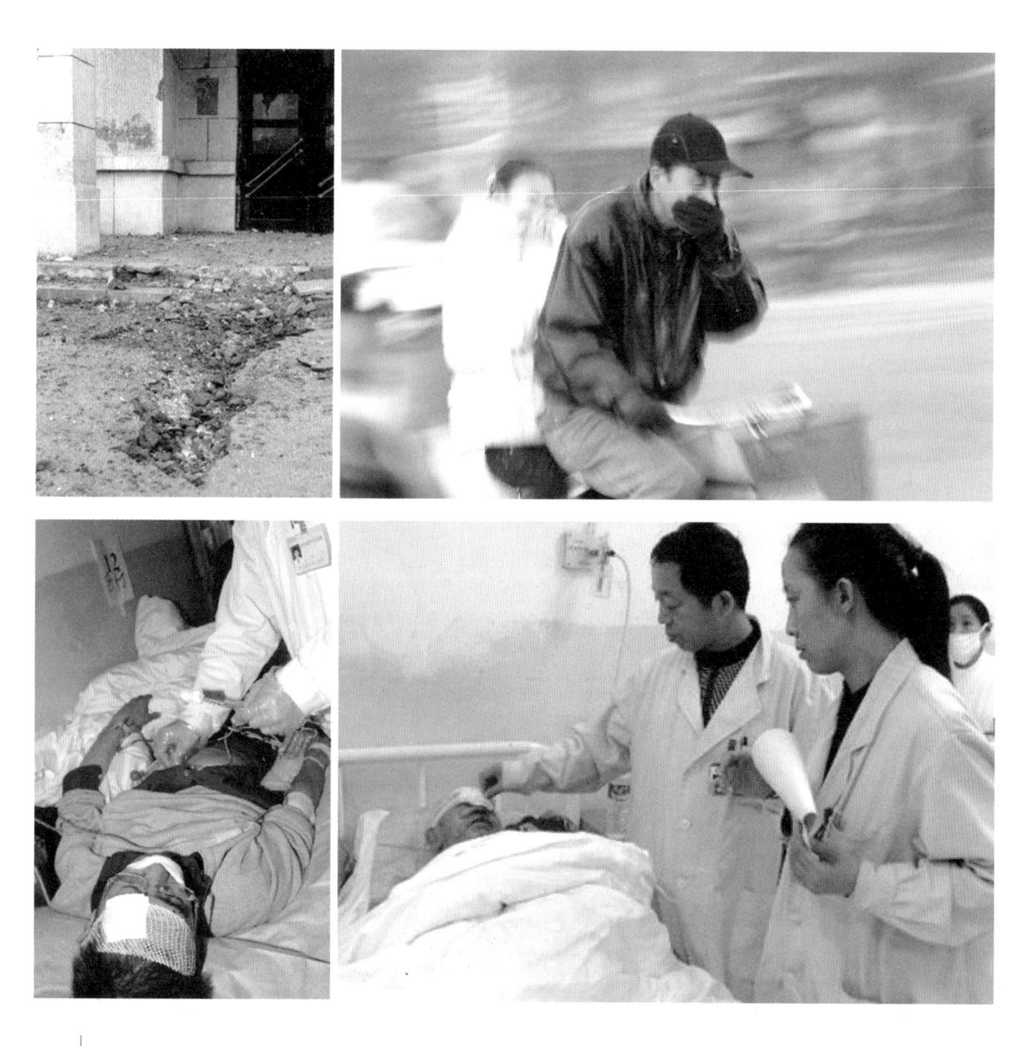

a c / b d 图3–17 爆炸灾难

见到爆炸的黑烟，很多市民跑来看热闹，里面的人往外跑，外面的人向里拥，本来安静的吉林市城区陷入了一片混乱——四散的毒气、漫天的大火、伤亡的人员、混乱的交通，吉林市政府和相关部门必须马上要做的一件事就是，让这个慌乱的城市恢复平静。紧急撤离的市民正在民警的指挥下，或戴口罩，或用湿布掩鼻，或头裹塑料袋，从桥北侧向南侧有秩序地转移。警察在维持秩序，医院在抢救伤员，最重要的消防队员也在爆炸后的十几分钟之内赶到了。

e	g
f	h

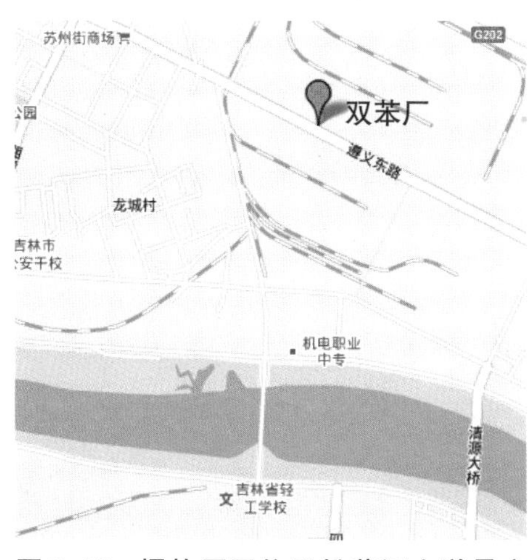

图3-18 爆炸厂区位于松花江上游最主要的分支第二松花江江北，距离江面仅数百米之遥。

消防队员选择了立即用水扑灭熊熊的大火，松花江与化工厂仅相隔数百米，大量的含苯水未经排污管道，直接进入了松花江。14日凌晨4点，在消防官兵全力扑救下，火势全部被扑灭。吉林市安全了。可是此时天上的毒气是否变成了江中的毒水？毒烟散尽之后，这似乎已经不是吉林市所考虑的问题了，政府和中石油出来宣布，火势已被扑灭，空气没有污染。

a | b 图3-19 扑火

吉林石化和媒体的声音：

1. 吉林石化公司相关负责人表示，经吉林市环保部门连续监察，整个现场及周边空气质量合格，没有有毒气体，水体也未发生变化，松花江水质未受影响。

2. 《吉林日报》从11月14日到17日的报道重点依次是：省领导赴现场部署救援，事故不影响主业生产；事故处理有序进行，生产整体正常；应急预案措施得力；通报要认真吸取教训，加强安全生产。关于这次爆炸的破坏，人们只知道：吉林市没有造成大气污染。

3. 《北京晚报》记者与吉林市《江城日报》新闻部的通话：

《江城日报》新闻部：据我所知我们这边水源没有污染。

记者：那你们知道污染了其他松花江流域了吗？

《江城日报》新闻部：中央台新闻不都播了吗？我们也不比它知道得多！

记者：那你们为什么不报道？

《江城日报》新闻部：我们报道什么呀？往下走了，我们这边没继续污染，我们没什么可报的呀！

可是少数人似乎知道得比市民要多一些，他们掌握的情况更接近事实：11月14日，吉化公司东10号线入江口水样有强烈的苦杏仁气味，苯、苯胺、硝基苯、二甲苯等主要污染物指标均超过国家规定标准。松花江九站断面5项指标全部检出，以苯、硝基苯为主，从三次监测结果分析，污染逐渐减轻，但右岸仍超标100倍，左岸超标10倍以上。松花江白旗断面只检出苯和硝基苯，其中苯超标108倍。10天之后，《中国青年报》报道：吉林市环保部门的一名工程师向记者透露，吉林石化公司发生爆炸当天，他们就已经发现松花江水体受到污染。这些信息并没有人再出来讲。

图3-20　松花江水体受到严重污染

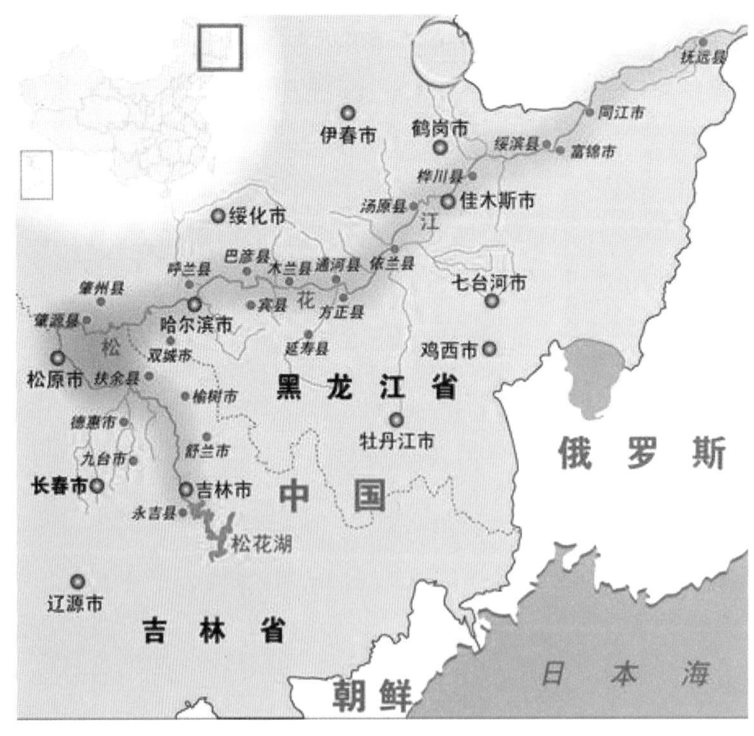

图3-21　松花江流域示意图

长达80公里的黑水在松花江上沉默地漂流着，松原市16日开始了长达7天的停水，人们从官方的公告中得知，全市要进行水管维修，没有人知道松花江上的毒水就要从他们面前经过。松原市江边50多岁的渔民李国孝看到了《财经》的记者，他说这些天他一直在江里捕鱼，除了自己吃，就是卖到市场。没有人告知过他们"这些鱼不能食用"。他疑惑地向记者问道："江水真的有污染吗？"可能在那一刻，除了少数人，就只有松花江上的鱼知道有污染了，可它们有口难言。

2005年12月7日，北京大学法学院三位教授及三位研究生向黑龙江省高级人民法院提起了国内第一起以自然物（鲟鳇鱼、松花江、太阳岛）作为共同原告的环境民事公益诉讼，要求法院判决被告赔偿100亿元人民币用于设立松花江流域污染治理基金，以恢复松花江流域的生态平衡，保障鲟鳇鱼的生存权利、松花江和太阳岛的环境清洁的权利以及自然人原告旅游、欣赏美景和美好想象的权利。

图3-22　松花江边的死鱼

污水在流过松原市之后，将要到达的下一个大城市是哈尔滨。18日，松花江有污水的消息也直接从吉林官方到达了哈尔滨官方。可此时，哈尔滨政府似乎也不愿意马上宣布。每年的12月至次年1月，极低的气温将哈尔滨变成了一座美丽的冰城，2004年，冰雪旅游节给哈尔滨带来了102.3亿元人民币的收入，占全市国民生产总值的6.45%。今年同往年一样，从11月开始，哈尔滨的街道上出现了越来越多的外地游客，对哈尔滨来说，一年之计在于冬，现在是哈尔滨招商引资、吸引游客的关键时候。从18日到21日，哈城向所有游客和投资者传递着这样的信息：欢迎你们到来！

a	c
b	d

图3-23　哈尔滨冰雪节

11月21日上午,哈尔滨的许多市民看到了一则与松花江水污染完全无关的第25号公告,称市区市政供水管网设施要进行全面检修,决定从11月22日中午12时起,停水四天。可是当真理还在穿鞋的时候,谣言已走到千里之外了。对于这次停水,网络信息、手机短信和街头巷尾当中有另外的解释:地震。

从11月20日中午开始,人们竞相传播着地震的消息,连大庆、肇东、肇州、肇源、安达、绥化、青冈等地都受到影响。在这种情况下,一些市民开始采购食物储藏、带帐篷户外过夜。民众对威胁的恐惧反应速度超出了政府的预想。后来,黑龙江省省长张左己解释说:这是一个善意的谎言,害怕引起市民的恐慌。

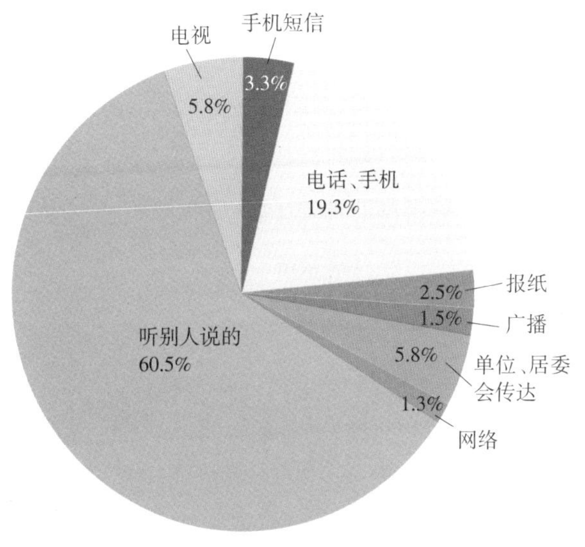

图3-24 松花江水污染信息传播途径

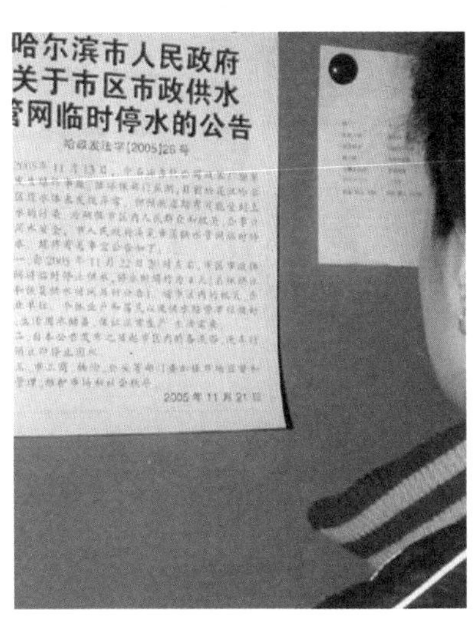

图3-25 停水公告

哈尔滨市人民政府关于市区市政供水管网临时停水的公告

哈政发法字【2005】25号

为了保证市区单位和居民生产、生活用水安全,市人民政府决定对市区市政供水管网设施进行全面检修并临时停止供水,现将有关事宜公告如下:

一、自2005年11月22日中午12时起,对市区市政供水管网设施进行全面检修并临时停止供水,检修并停水的时间为4天(恢复供水时间另行公告),请市区内的机关、企事业单位、个体业户和居民以及供水经营单位做好生产、生活用水储备,保证正常生产、生活需要。

二、自本通告发布之日起市区内的各洗浴、洗车行业必须立即停止用水。

三、市工商、物价、公安等部门应当加强市场监督和治安管理,维护市场和社会秩序。

2005年11月21日

谁也没有想到，这个害怕引起恐慌的通知却恰恰引起了市民大恐慌。

“21日那天，可以说整个哈尔滨市的人都出动了，大家像疯了一样班都不上了，要抢水、抢食物啊！甚至很多人都开始往外地跑！”出租车司机蒋玉涛回忆起21日那天的情形，禁不住还觉得害怕。

第二天中午，黑龙江省地震局出来辟谣，呼吁广大市民不必惊慌。

地震传言的影响比停水危机大得多。“关键是两件事凑到一块了，才造成这么大恐慌，我在哈尔滨过了四十多年，从未遇到。”在哈尔滨闹市区的一家“和风”面馆里，40多岁的老板李新发无奈地说，“生意下降了五成。”“几百万人口的哈尔滨，这几天，可能有不少人都外逃了。”面馆老板说，所以他的生意才这么惨淡。

向哈尔滨的出租车司机求证，说并没有如此高比例的市民外出避震，但这几天外出人员比往日迅速增加，好像春运提前到来一样。“能出去的都是富人，旅游、投靠亲友去了，穷人不怕死，都呆在城里呢。”

最高兴的是中小学生们。对他们来说，一周假期好像天上掉下的馅饼，比寒暑假还舒服，“没啥作业”。（《南方人物周刊》记者黄广明发自哈尔滨）

a | b　c　图3-26　市民抢购纯净水

哈尔滨市政府连忙发布了26号公告，公布了事情的真相，可此时松花江上的哈尔滨已经成为了一座无水之城。晚到超市的人们发现，超市已经没水卖了。

a | b / c　图3–27　抢购一空的超市

哈尔滨市人民政府关于市区市政供水管网临时停水的公告

哈政发法字【2005】26号

2005年11月13日，中石油吉化公司双苯厂胺苯车间发生爆炸事故。据环保部门监测，目前松花江哈尔滨城区段水体未发现异常，但预测近期有可能受到上游来水的污染。为确保市区内人民群众和机关、企事业单位用水安全，市人民政府决定市区供水管网临时停止供水。现将有关事宜公告如下：

一、自2005年11月22日20时左右，市区市政供水管网将临时停止供水，停水时间约为4天(具体停止供水和恢复供水时间另行公告)。请市区内的机关、企事业单位、个体业户和居民以及供水经营单位做好生产、生活用水储备，保证正常生产、生活需要。

二、自本公告发布之日起市区内的各洗浴、洗车行业必须立即停止用水。

三、市工商、物价、公安等部门要加强市场监督和治安管理，维护市场和社会秩序。

2005年11月21日

图3-28　水源充足的商店将水摆到显要位置

图3-29　哈尔滨水生产厂连夜加工纯净水

此时，市面上的纯净水、矿泉水和袋装鲜奶一度脱销，有货源的商人打出了有水的广告，更多的是奇货可居，开始哄抬水价，平时只卖1元的一瓶普通矿泉水被卖到15元，原本每桶8元的桶装水已经涨到了30元一桶。

一位物流公司的工作人员称，有很多沈阳个体商贩找到物流公司大批量运水到哈尔滨，企图贩卖高价。据了解，24瓶装的一箱纯净水进货约为12元钱，而运送到哈尔滨后，每箱的价格则达到30元钱，某些水站平时库存近2000箱纯净水，不到17时，基本就已被商贩全部买走。据称，截至22日23时15分，一些商贩仍在忙着将纯净水装车运往哈尔滨。

政府立即采取了措施控制水价，安抚民心，大型水生产厂家开始从地下取水，连夜生产。

11月22日早晨，67岁的胥大爷起床，习惯性地拿起牙刷杯拧开自来水龙头，没有一滴水流出，这才想起："今天开始全城停水。"自来水管已经没有水了。22日当晚，哈尔滨连夜开始打井。在市区居民社区、企事业单位和大中专院校打井补充水源，共打井105眼，日增加供水量近20万吨。

a | b 图3-30 打井队开采地下水源

哈尔滨市人民政府关于正式停止市区自来水供水的公告

哈政发法字【2005】27号

根据省环保局监测报告，中石油吉化公司双苯厂爆炸后可能造成松花江水体污染。为了确保我市生产、生活用水安全，市政府决定于11月23日零时起，关闭松花江哈尔滨段取水口，停止向市区供水，具体恢复供水时间另行公告。望市区内广大市民群众及各机关、企事业单位给予谅解。

特此公告。

2005年11月22日

市民们纷纷拿起手中所有能盛水的工具，从各个水井排队盛水。大家将取来的水运回家里，所有的房间摆满了水桶和脸盆，人们一边等待着事情的结束，一边感受另一种生活方式。有的人开始认真思考起了一个奇思怪想式的问题：啤酒能不能解渴呢？人们在公共厕所排起了长队，有的人来到松花江边，静静地看着一江污水。

与此同时，哈尔滨从外地紧急调水，以平抑正在不断上涨的水价。

图3-31　市民排队取水

a | b　图3-32　市民储水

a
b
c 图3-33 从城外紧急调水

11月26日，武警战士带着防护装备进入哈尔滨制水三厂工作，将活性炭投入水池进行浸泡，确保水厂按期恢复供水。

黑龙江省环保局27日最新通报，截至27日14时，松花江哈尔滨段四方台水源地断面苯未检出；硝基苯浓度为0.0034毫克/升，达到国家标准。18时，哈尔滨市开始恢复供水。

a | b

图3-34　11月26日，武警战士进入哈尔滨制水三厂。

图3-35　11月27日，水厂开始供水。

图3-36　2005年11月23日，洗浴中心的老板无奈地关门歇业。

停水期间，哈尔滨市对6122家特种行业进行监管，封停了洗浴场所1964家、洗车行599家、美容院1315家、娱乐场所579家。黑龙江省官员表示，水污染事件导致哈尔滨市直接经济损失达15亿元人民币，该市旅游收入损失50亿元。而整个松花江流域仅渔业损失就达到18亿元。中石油事发后只字不提“赔偿”，仅拿出500万元向当地政府治污进行“捐助”。后来，有17家餐饮洗浴店和3位市民对中石油进行了起诉。

27日傍晚，省长张左己来到住在道里区新阳路289号的市民庞玉成家喝完了第一口水，“兑现”他在四天前“第一口水我先喝”的承诺。

在省长喝下第一口水的两天前，松花江边有两名外国记者在拍摄，旁边的人们纷纷猜测他们是从俄罗斯来的，因为这一江污水马上就要流到他们那儿了。

松花江的污水汇入了黑龙江，12月21日流入了俄罗斯境内，22日到达了边境城市哈巴罗夫斯克，哈城在25日宣布进入紧急状态，全城停水。事情变得简单多了——他们是受害者，他们要求赔偿。

图3–37　哈巴罗夫斯克位置示意图

俄杜马（议会）副主席亚历山大·扩萨里可夫发表声明说，赔偿金额不少于几百万美元。"肇事方应该负责消除这场环境污染带来的一切费用。"也有报道说该市市长考虑向中国提出几千万美元的索赔。最终的赔偿数额到底是多少？我们现在无法在网上或者图书馆查到具体的数字。美国曾有类似的事情发生过，杜邦公司在西弗吉尼亚帕克斯堡市生产特富龙化工品长达5年时间，2001年，当地居民以杜邦造成当地土地、空气和水污染以及隐瞒污染事实将其告上法庭，要求索赔3.43亿美元。

赔偿的数额一定是一个可以让俄罗斯满意的数字。这个数字与国内的"捐助"数字比起来，应该不在一个数量级上。

图3–38　哈巴罗夫斯克市民储水

图3–39　中国派出技术人员解决跨境水污染问题

尘埃落定之后，经历和关注这次事件的所有人可以得出一个一致的判断了：造成这场灾难的并非只是一次简单的爆炸。

3.2

民企水污染:一个人的河流

"世界上的每一条河流都曾经是自由流淌的,而择地而居的人类总是希望拥有更多的水。水可以属于土地,让我们收获更多的粮食;水可以属于村庄,让我们繁衍子孙,建设家园;水可以属于工厂,可以属于城市,让我们拥有更加舒适美好的生活。但是水也应该属于自然,属于未来。在这个水资源紧张的国度里,水究竟属于谁?"(中央电视台:《水问》)

图3-40 自然流淌的水

2009年2月20日清晨6：30，正是盐城市网民“清水”每天起床的时间，当他拧开水龙头，一股异味顿时扑鼻而来，“黄色的水，农药味”。“我的第一反应是水被污染了，赶紧下楼买矿泉水，一口气买了20箱”。从这时起，盐城市亭湖区、盐都区约20万居民开始进入了长达66小时40分钟无水可用的状态。

图3–41　盐城停水，“百河之城”没有水。

盐城，位于鱼米之乡江苏，全市河流纵横交错，蜿蜒曲折，数量众多，是一个被称为“百河之城”的城市，而生活在此地的居民却已不止一次经历了停水的麻烦。河流就在盐城居民的身边流过，可是这些水却时不时地会变成完全不属于他们的资源。

这次停水事件的污染源头很快就被找到，涉嫌排放有毒废液的盐城标新化工有限公司的法人代表胡文标随后被送上了被告席。8月14日，此案一审判决公布：涉案企业法人代表胡文标以投毒罪被判处有期徒刑11年。

为什么胡文标一个人的用水行为就可以决定全体盐城居民无水可用呢？胡文标何许人也？他与其他盐城居民有何不同呢？

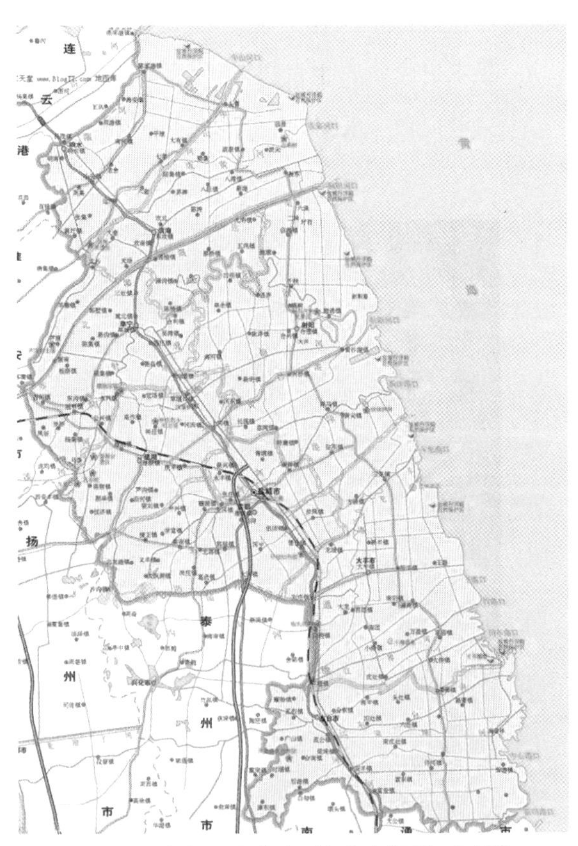
图3–42　盐城市河流密布，被称为“百河之城”。

胡文标，生于1962年，17岁时成为一名砖瓦厂工人，在那一年的12月18日，党的十一届三中全会召开了。这次会议的唯一议题是，“把全党工作重点转移到社会主义现代化建设上来”，全会决定停止使用“以阶级斗争为纲”和“在无产阶级专政下继续革命”的口号，老百姓的主要生活方式已经不再是政治生活了，此后国家逐渐开始允许私人拥有资本、创造利润，这种彻底的社会变革给整个中国带来了“一股没有规则的骚动”（吴晓波：《激荡三十年》）。

那个时代的大多数人已经习惯了体制带来的工资待遇和生活方式，而对于胡文标而言，却更多地接触到了市场与金钱，他因头脑灵活，被领导派出去追讨欠款，而在外出追债的过程中他很快发现了商机。他发现一种名为次氯酸钠的化工产品很受欢迎，便萌生了辞职下海的打算。约在1983年，胡文标离开砖瓦厂，开办起一家小化工厂，主营次氯酸钠的生产销售。他成为了民企老板。这股脱离体制私人创业的浪潮也席卷了整个中华大地，这一年，胡文标正在谋求更大的发展，当他得知位于龙冈的一家村办化工厂要转让时，便与其他三人合资拿下了这家化工厂，并将之命名为“盐城标新化工有限公司”。

表3–1　历年来全国私营企业发展基本情况

年份	户数（万户）	增长率（%）	人数（万人）	增长率（%）	注册资金（万亿元）	增长率（%）
2002	263.83	20.0	3247.5	19.7	2.48	35.9
2003	328.72	24.8	42299.1	32.3	3.53	42.6
2004	402.41	22.4	5017.3	16.7	4.79	35.8
2005	471.10	17.3	5824.0	16.1	6.13	28.0
2006	544.14	15.3	6586.4	13.1	7.60	23.90
2007	603.05	10.8	7253.1	10.1	9.39	23.5
2008	657.42	9.0	7904.0	9.0	11.74	25.0

民企由小到大、由少到多的根本原因就是民企资本的不断扩张。民营企业拥有雇用工人、生产资金、生产原料和厂房设备，私人拥有资本的事实逐渐被法律确立，被公共意识认可。而在整个民营资产从公有资产剥离的过程中，也出现了令人困扰的问题——水该归谁所有？

我国宪法第9条规定："矿藏、水流、森林、山岭、草原、荒地、滩涂等自然资源，都属于国家所有，即全民所有。"法律虽然如此规定，可水、土地等公共资源是民企生产逐利不可缺少的资本。如何使用公共资源呢？在改革之初，当深圳决定出租土地时，一位名叫骆锦星的房地产局干部翻遍马列原著，终于在厚厚的列宁选集中查出列宁引用的恩格斯的一段话来："……住宅、工厂等等，至少是在过渡时期未必会毫无代价的交给个人或协作社使用。同样，消灭土地私有制并不要求消灭地租，而是要求把地租—虽然是用改变过的形式——转交给社会。" 1980年1月1日，深圳第一块土地出租协议签订了，这块土地租给了一名香港商人用作房地产开发。而民企对公共资源的使用渴求远快于政府的反应速度，它们不需要在书中寻找理论，而是在逐利动机的直接引导下，就迅速地开始了对公共资源的占有使用。

相对于固定的土地，水是流动不居的，一个人的用水方式总是会影响到其他人的用水，胡文标的化工厂生产的产品是"氯代醚酮"，生产产生的废液含有有毒物质，而这些废液排到水中就可以被水淡化，但也会对河流造成污染。胡文标正是选择了不经处理直接往水里排放的处理方式。

图3-43　民企化工产品的背后是生态的代价

标新化工厂外的河流逐渐开始变化了，清水逐渐变黄，并且出现了越来越浓烈的农药味儿。2007年，盐城的化工厂达到735家之多，这些企业大部分都是民企，他们几乎都采用了将生产废液直接外排的方式——将生产成本转嫁到自然当中可以获得更多的利润。

图3-44　标新化工的污水处理池

民企相对于国企来说，规模小、技术工艺水平低，更缺少国家政策的扶持，长期以来被定位为“公有制经济的有益补充”，在与国企的竞争中处于绝对的劣势地位，“我国向私营企业所征的二十几种税占到了其税前利润的71%”（郎咸平：《“马车理论”的鞭与策》）。从改革开放发展至今，民企的平均寿命还不到三年，民企要想生存下来就几乎只能是靠降低成本这一唯一途径。在民企想方设法压低成本的行为里，将生态成本转嫁是普遍采用的方法。在标新化工厂内部建有污水处理池，可是大量的废液是通过暗槽直接排放到河里的。

图3-45　简陋的工厂，巨大的利润

图3-46　标新化工偷排污水的暗槽

污水违法排放为何能行得通？因为利润不单单是民企的追求目标，也是政府追求的目标。龙冈镇的一位官员讲道："我们去年(2008年)化工企业带来的财政收入约2800万，占到了我们财政收入的1/3，而在最高的年份，化工带来的收入达到了4000多万，是我们镇的支柱产业之一。"

在以GDP作为官员考核的最高标准的背景下，地方政府对民企的违法行为采取了默许宽容的态度，排污监管与法律条文没有敌过民企为当地带来的税收利润。

在以吸收化工产业为主的龙冈生态园区曾经竖起"为投资者服务，让投资者满意"的牌坊，作为当地政府对于发展化工厂的首要态度。

表3-2　2004—2008年中国民营经济税收状况

年份	税收收入(亿元)	增加额(亿元)	增长率(%)
2004	3206.47	770.73	31.6
2005	4101.63	895.16	27.9
2006	5168.73	1067.10	26.0
2007	6255.77	1087.04	21.0
2008	7863.36	1606.59	25.7
平均数	—	1085.32	26.4

而当地的居民则与当地政府有着完全不同的感受，标新化工投产后不久便遭到周围村民的反对，因为严重污染了周围的农田、河川，周围的河沟里鱼虾没有了，由于空气的严重污染周围不少人患上了气管炎。群众说："河里水不能洗衣服，种的油菜花不结果，农田灌溉全部是肥皂泡沫，现在我们用的全部是自来水。"2006年9月是龙冈镇兴龙居委会新沟四组张兴春最难忘的一个月，56岁的他辛苦了半年养殖的鱼全死了。有的居民和厂方论理，还被殴打，有的被打掉门牙，有的被打伤了腿。

村民们的争水行动失败了，而政府却在如何用水的问题上不作为，标新化工继续决定着水的使用方式。

图3–47　标新化工厂外河流

水就在村民身边，可这些水不属于他们。

标新化工长期以来一直将污水排放量控制在看上去没有污染的微妙程度，而在2009年2月出现了意外。2月20日，城西取水口被标新化工排出的超高浓度的酚类化合物污染，有知情者说，在这几天下雨的过程中，标新想借助下雨偷排，可没想到雨下得不是很大，并且很快又停了，也有人讲，原因是工人将一锅错料偷偷倒进了河里。取水口的污染物含量超标100多倍。无论原因何在，正是标新化工的用水行为造成了盐城20万居民无水可用的最终结果。

不过胡文标的家人有不同的声音："有那么多企业都在排，为什么能认定就是我们家?"或许他的家人说得对，在取水口的周围林立着若干家化工厂，盐城的水怎样使用并不是胡文标一人决定的，而是由全体化工厂共同决定的。

图3-48 被污染的城西水厂取水口

图3-49 数量众多的化工厂林立在取水口旁

这次对胡文标以投毒罪进行的判决，或许意味着中国对企业非法排污的容忍已经达到了极限。一审判决后，胡文标的妻儿上诉，他们认为此前的排污导致严重后果的企业责任人都被以“重大环境污染事故罪”追究刑事责任，而这次是典型的同案不同判。在中国，类似标新化工一样非法排污的民企不可量数，而这次审判会成为民企排污的终止吗？

当下的中国，一方面，民企已占据了经济的半壁江山，成为了支撑中国经济和民生的最重要力量，另一方面，民企在与国企竞争中的劣势地位并没有发生实质的改变，那么未来的民企靠什么在竞争中生存下来呢？像标新化工那样靠转嫁成本的民企如何发展呢？自水污染事件发生后，龙冈镇铁腕治理化工企业，22家化工企业全部被关停，另外11家非化工但也会产生污染的企业也被关停。但是，这种休克式的措施能在全国普及实施吗？

表3-3　2003—2008年经济类型固定资产投资变化情况（亿元，%）

指标＼年份	2003	2004	2005	2006	2007	2008	2008年增长率
投资总额	55567	70477	88773	109998	137324	172291	25.46
国有经济	21661	25028	29667	32963	38706	46446	20.00
外资企业	49.9	6967	8424	10858	13354	14093	5.5
民营企业	28997	38482	50682	66177	85264	111752	31.07
构成	100	100	100	100	100	100	较上年比重变化
国有经济	39.0	35.5	33.4	30.0	28.2	27.0	–1.2
外资企业	8.8	9.9	9.5	9.9	9.7	8.2	–1.5
民营企业	52.2	54.6	57.1	60.2	62.1	64.9	2.8

注：①这里的国有经济不包括国有联营和国有独资企业；②民营投资总量=全社会固定资产投资–国有投资–外资及港澳台企业投资；③资料来源于国家统计局。

2006年末，全国曾出现一场关于民企原罪的大争论，人们用“原罪”这样一个西方宗教词汇对改革开放以来中国民企发展中的诸多负面问题进行了激烈的论战。民企原罪有没有以及如何解决成为了当时争论的焦点。

对胡文标的审判，似乎不足以成为以往所有民企非法排污的结局，我们但愿它能成为有效治理民企非法排污的开始。在西方，原罪是无法审判的，但还有洗礼的形式为入教者和新生婴儿洗去原罪。如果民企仍然通过污染来求得生存，那么恐怕将来有一天我们连给民企洗礼用的净水都没有了。

图3–50　洗礼

3.3

生活水污染：干净的手，肮脏的水

我们每个人每天通常要洗3至5次手，清洁的水和洗手液帮助人们洗去了手上的污垢。

我们也有经常洗澡的习惯，清洁的水和沐浴露为我们洗去了身上的污垢。

城镇居民几乎每家都有洗衣机，清洁的水和洗衣粉为我们洗去了衣服上的污垢。

除此之外，使用冲水马桶可以使肮脏的粪便迅速而不留痕迹地排出房屋。有人认为，一个国家的马桶普及是这个国家走向现代文明的标志。是的，卫生间本来是一个城市最肮脏的地方，但当这个最肮脏的角落成为这个城市最洁净、最舒适的地方时，这个城市还有什么地方不美丽不干净呢？

图3-51 清水净手

图3-52 现代卫生间

图3-53 昆明美景

昆明,一座少有工业的南方城市,整洁的街道建筑和美丽的自然风光受到了国内外大量游人的青睐。居住在那里的居民同其他城镇的居民一样早已经习惯了洗浴、洗衣和其他干净的现代生活方式,更让昆明人骄傲的是,他们还有一座洁净美丽的城市,此时有没有人会提出这样的问题:洗净每一个人和这座城市的污水去了哪里?

在19世纪欧洲工业化和城市化进程中,人们发明了城市排污系统来输送大量的城市污水;在中国,各个城市也相继建成了城市排污系统,以保证整座城市的废水外排。

在中国每人每年要排放40多吨废污水。洗浴、洗衣和输送粪便所产生的污水中富含各种自然水中微存的物质。以排泄粪便为例,一个人每天的排泄物中约含有氮18.6克、磷1.74克,足以污染10吨洁净的水体,这些生活污水进入下水管道后,又将流向哪里呢?

表3-4 城市生活污水的典型组成(mg/L)

项目	无机物	有机物	总量	BOD5
可沉固体	40	100	140	55
不可沉固体	25	70	95	65
溶解固体	210	210	420	40
总固体	275	380	655	160
氮	15	20	35	
磷	5	3	8	

2006年全国污水排放量为536.8亿吨，而这其中生活污水的排放量达296.6亿吨，占到了排放总量的一半以上，而这其中的大部分未经处理就直接排入了江河湖泊。

图3-54　昆明市污水处理厂分布图和下游的滇池

昆明的情况也不例外，70年代末80年代初，昆明只有二三十万人，90年代之后，昆明的城市人口开始猛增，到现在已经增加到300多万，昆明每天至少产出八九十万吨污水。1990年，昆明第一污水厂启用；4年后，日处理10万吨的第二污水厂也跟着启用；6年后，第三、第四污水处理厂投入使用；11年后，第五污水处理厂投入使用；13年后，第六污水处理厂日处理污水达5.5万吨；今天的昆明污水处理能力已经达到了日处理能力55.5万吨。可是从第一污水厂到第六污水厂的启用却总是滞后于城市的发展，每天还是有一半的污水直接流出了昆明，在这场污染与治污的竞赛中，昆明城远远地落后了。美国等发达国家平均每1万人就有一座污水处理厂，如果昆明要达到这个标准，则需要多于300座的污水处理厂！昆明市的污水流向了下游的滇池，加上滇池本身没有外来新鲜水补充，其生态承载能力早已不堪重负。

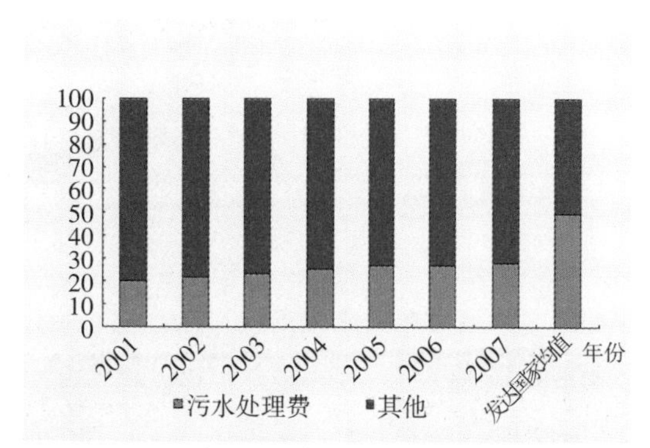

图3-55　全国36个大中城市污水处理费占比远低于发达国家水平

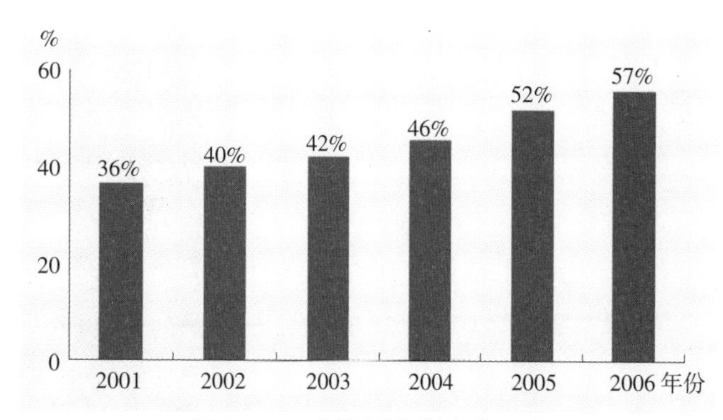

图3-56　全国城市污水处理率

城市污水的流入改变了滇池微妙的生态平衡，城市污水同附近的化肥农药污水进入滇池后，造成了蓝藻的疯长，清澈的湖面被蓝藻遮蔽了，茂盛的水草枯萎腐败，水中的氧气消耗殆尽。就在水生植物系统崩溃的同时，生活在这里的水生动物除了死亡没有别的办法，有着上百万年生活历史的土著鱼类由于缺少氧气而在几十年里瞬间消失，目前滇池的土著鱼种只剩下不到十种，而我们能在滇池看到的只有满池的绿藻。

a
b
c

图3-57　滇池的另类“美景”

“2008年春夏，云南昆明滇池，鱼虾等水生物种不断死亡。这里本该是它们生存的家园，然而随着滇池流域内的经济发展和城市化进程的加快，大量的污染物源源不断流入滇池，让曾经的美丽之湖变成杀手。葬身于这个绿色湖泊的生命发出熏人的腐臭，这是它们的唯一抗议！”

以下这组照片题为“生命的源水”，由罗立高摄，获中国新闻摄影学会和人民摄影报社主办、白沟镇人民政府承办的第17届（2008年度）“金镜头”新闻摄影作品评选暨国际新闻摄影比赛自然环保新闻类组照铜奖。

图3-58　城市生活的生态代价

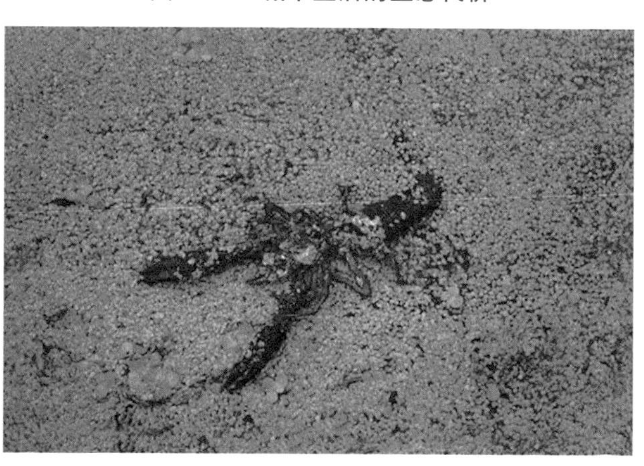

a　2008年7月11日，一只红螯虾腐烂在滇池的污水中，红螯虾存活于淡水中，喜欢生活在干净的地方。

b　2008年7月11日，滇池边一条死去的鲫鱼被浮萍包裹。鲫鱼的适应性非常强，即使在强碱高盐度性水域仍然能生长繁殖，但是就是如此强生命力的物种仍然无法在滇池中生存。

c　2008年3月20日，一只死去的乌龟在滇池长满浮萍的污水中。乌龟寿命较长，但随着滇池污染加剧却难以存活。

d　2008年7月11日，一条鳝鱼死在滇池岸边的浮萍上。鳝鱼的生存能力很强。

图3-59　曾洗净我们双手的水

从国家开始滇池治污至今的20多年,已经投入了上百亿元资金,“但由于各种原因,滇池目前水质仍为五类、劣五类。”(昆明理工大学环境科学系教授、博士生导师侯明明)从2008年开始到2020年,治理滇池还要再投入1000亿元人民币。迅速发展的昆明,迅速增长的昆明人口,大量的生活污水排放,是否会把滇池生态循环的闭合曲线彻底拉断成走向死亡的直线?还有,我们用环境换来的财富最终将流向何方呢?

4 声、光、电磁污染：六根难净

4.1

噪音污染:毁灭或许是一声巨响

我们周围大部分的声音都不是仅由某个个体参与制造的,其中令人生厌的声音又占了绝大多数。为了对抗噪音而扯着嗓子喊“你大点声我听不见”,而这又成为了影响他人的新的噪音。

接收噪音已经成为了司空见惯的事情,而制造噪音也已经成为了无意识的行为。

图4-1　噪音场——2008年1月的广州火车站

图4-2　工厂车间

噪音对人的影响有四种方式，第一种是生理的。

噪音会对人体的荷尔蒙分泌、呼吸频率、心跳速率以及脑波产生影响。据流行病学判断，在每天8小时的工作中，如果工人接触的噪声在85分贝以上，连续工作3年左右，就极有可能对作业工人的听力产生难以逆转的损伤。“有人曾对在噪音达95分贝的环境中工作的202人进行过调查，头晕的占39%，失眠的占32%，头痛的占27%，胃痛的占27%，心慌的占27%，记忆力衰退的占27%，心烦的占22%，食欲不佳的占18%，高血压的占12%。”（资料来源：百度文库，《噪声与噪声污染及其来源》）

图4-3　海浪

海浪的声音大概是每分钟12次循环，与我们深度睡眠时的呼吸频率一样，因此通常被认作有镇定的作用。可人却又比其他生物复杂得多，黄品源唱道：“卷起海浪的声音，刺穿我发烫的身体，像一个刺青永远抹不去”，恐怕深陷失恋痛苦的人无论听到什么声音都不会觉得悦耳。

图4-4 鸟——静谧

噪音第二种影响人的方式是心理的。尽管粉笔划过黑板的声音不大，却让人毛发倒立、坐立不安。据科学家研究，这种声音与猿类遇到危险时发出的声音非常相似，虽然人猿相揖别已有数百万年的历史，可在我们的心中还是保留了解读这种声音的密码。

鸟儿圆润的叫声可以让大多数人感到宽心，通过几千年的学习，我们知道了鸟儿唱歌时周围是平安无事的。然而20世纪最伟大的作家卡夫卡却有截然相反的感受："父亲走了，现在开始了两只金丝雀带来的更轻柔、更分散也更绝望的噪音。"（《大噪音》）任何声音都是对卡夫卡独特世界的入侵，只有呆在地窖里才可以消除他的不安。

图4-5 鸟——噪音

噪音影响人们的第三种方式是认知上的。我们无法同时听两个人说话，必须选择到底要听哪一种声音。我们处理听觉的宽频非常小，因此人们对嘈杂的厌恶就不难理解了：

> 人人都只说出了一些平庸的汉语
> 哪来的那么多天才
> 但可以有许多领袖
>
> ——刘禹：《厌恶殃及其它》

根据TED资料显示，在开放式的嘈杂环境中工作，人的工作效率会降低66%，可很多组织却不懂这个道理：很多工作可以在安静的环境里完成，却要求必须到挤满同事的单位去做，似乎形式上的约束比实际效率更重要。

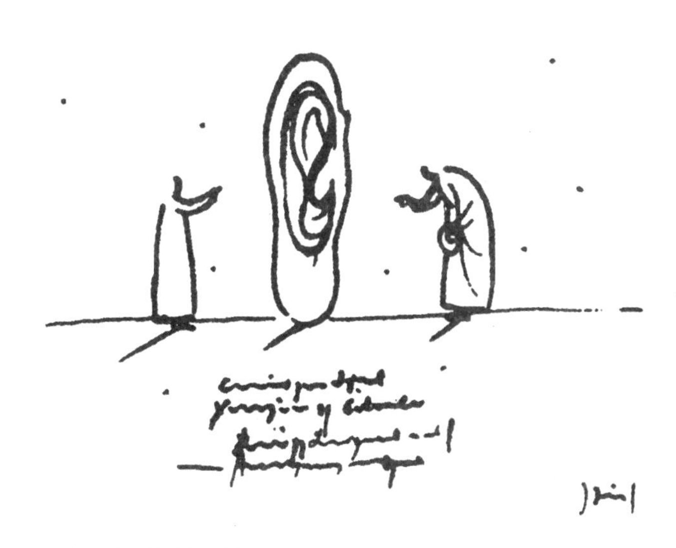

图4-6　你听我说

噪音影响我们的第四种方式是行为上的。随着周围不断发出的声音，我们的行为开始不知不觉地产生变化。叔本华认为，“抽打马鞭是真正让人可恨的事情”，因此，“该将那些赶着马在人口稠密区穿城镇走街巷、时不时还甩上几鞭子的人拖下来，狠狠地抽上五棍子才好。”由于难以忍受女裁缝在他书房门外聊天，叔本华愤怒地将其推下了楼梯，造成了女裁缝的终生残疾。

图4–7　噪音干扰

当然,一个人的毒药未必不是另一个人的美食,摇滚迷成千上万,即便是其极端的形式——噪音音乐也同样大有受众。姚大钧在《噪音听法论》里说:"一般听噪音音乐的方法,多半是让自己完全臣服于这类作品中,以被虐狂式的心态让高分贝的声音海完全淹没自己,并一定坚持到最后一秒钟。"

可是,在没有摇滚精神的人看来,摇滚乐真是世上最扰人的噪音。

a	c
b	d

图4-8　声音——一人的美食,他人的毒药

为何有如此多的噪音？原因不外乎在城市里有更多的人为事件发生，比如接起手机：2010年中国城镇人口是6.21亿，如果其中有4亿人使用手机，每人每天只接一个电话，那么手机铃声就会响起不下3亿次。对一个人来说，除了自己接起的那次，其他的铃声毫无用处。

交通噪声、工业噪声、建筑噪声、社会噪声、家庭生活噪声，声声不息。“全国有近2/3的城市居民在噪声超标的环境中生活和工作着，对噪声污染的投诉占环境污染投诉的近40%”。（资料来源：新浪网，《1981年世界噪声公害事件》，2005年）

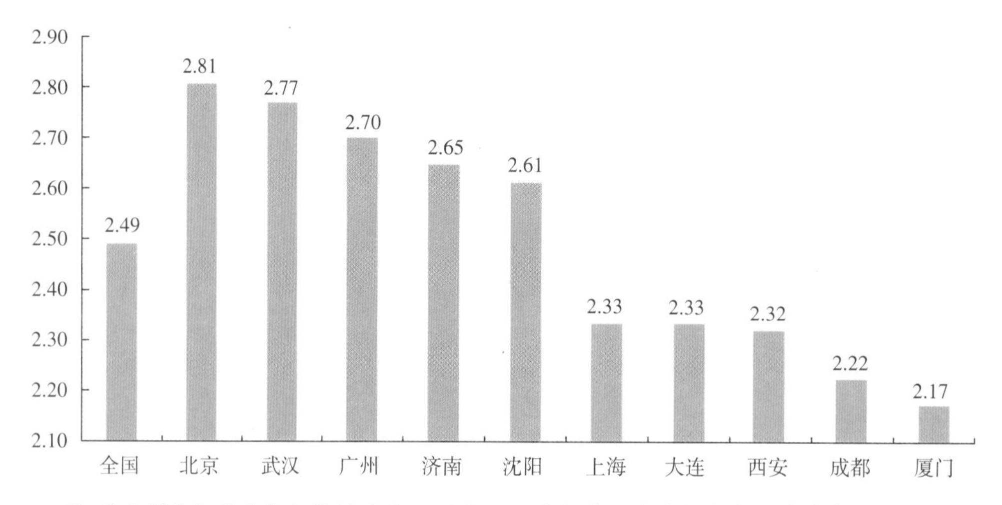

注：零点调查与零点指标数据网于2004年7—8月间采用多种方法对10个城市的3212名当地居民进行了入户调查。

图4–9　中国各城市噪音污染指数

在今天的城市里，我们的发展方向是完全与“鸡犬相闻，老死不相往来”背道而驰的，更多的机器和事件已使我们深陷音浪之中。“人叫狗吠，到底还是以血肉之躯摇舌鼓肺制造出来的‘原音’，无论怎么吵人，总还有个极限，但是用机器来吵人，收音机、电视机、唱机、扩音器、洗衣机、微波炉、电脑，或是工厂开工，汽车发动，这却是以逸待劳、以物役人的按钮战争，而且似乎是永无休止没有终结的——技术时代的人们必定要为享用技术付出代价：必须忍受马路上高分贝的吵闹，忍受狭隘的公共空间中的嘈杂，忍受电子产品虽微弱但执著的振动声。”（余光中：《你的耳朵特别名贵？》）

当耳朵再也不能承受之时，我们最后听到的声音或许像放鞭炮一样——是一声伴随着毁灭的巨响。

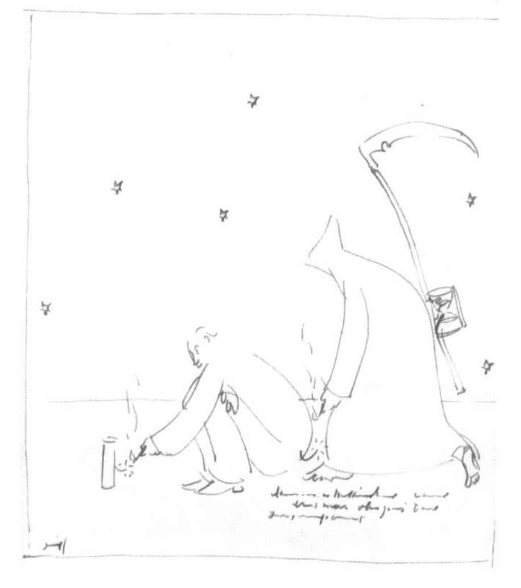

a | b 图4-10 死亡或许是一声巨响

4.2 光污染:光明的逆袭

如果没有光,世界上的一切都将是漆黑的。虽然空气、水和食物是实实在在的生存必需品,可人们却希望上帝首先创造出光,将黑暗驱赶开来。

图4-11 光明降临

图4-12　光亮的世界

图4-13　爱迪生公司早期广告

图4-14　20世纪90年代之前，各种票证严格地控制着人们的欲望，包括照明。

千百年来，人们一直在寻求明亮的世界，1879年10月21日，爱迪生——这位现代意义上的盗火者，发明了第一盏具有实用意义的电灯，人类从此开始进入电灯时代，我们与太阳、星空一样也有了掌握城市明暗的开关。

在中国，人们经历过很长一段时间的物质匮乏年代，点灯照明成了对生活形态的代指，“楼上楼下、电灯电话”是人们向往美好生活的直观表达，“张灯结彩”被认做是只在节日才有的奢侈行为。随着社会的不断发展，“灯红酒绿”逐渐成为了一种奢靡生活的代指，电灯时代也悄然到来了。

人间变得越来越明亮，可不知何时，头上的星空却开始变得越来越灰暗。20世纪30年代，一些天文学者认为城市室外照明照亮了天空，却使得人们越来越难以看见星空。人类欢欣鼓舞地进入电灯时代仅仅50多年后，一种新的污染——光污染开始对人类生活产生影响。

据美国一份最新的调查研究显示，夜晚的华灯造成的光污染已使世界上1/5的人对银河系视而不见，这份调查报告的作者之一埃尔维奇说："许多人已经失去了夜空，而正是我们的灯火使夜空失色。"他认为，现在世界上约有2/3的人生活在光污染里。

图4-15 梵高的画作《星空》。艺术家的眼睛看到的总是异于常人，可今日的星空却比梵高所见的更模糊。

图4-16 天文学家对明亮星空与受光害污染星空的对比

天文观测者的遭遇或许将变成所有人的遭遇。今日我们正遭受着至少三种类型的光污染危害，第一种是人工白昼。

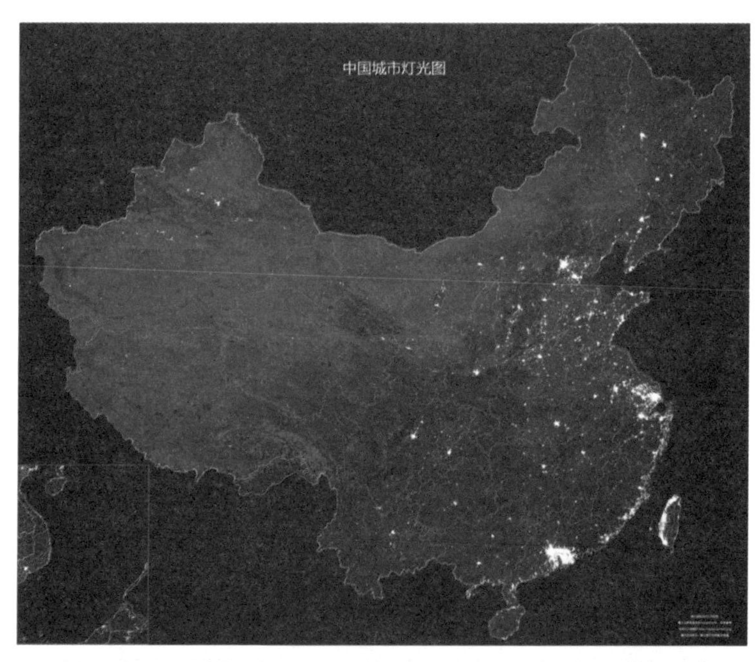

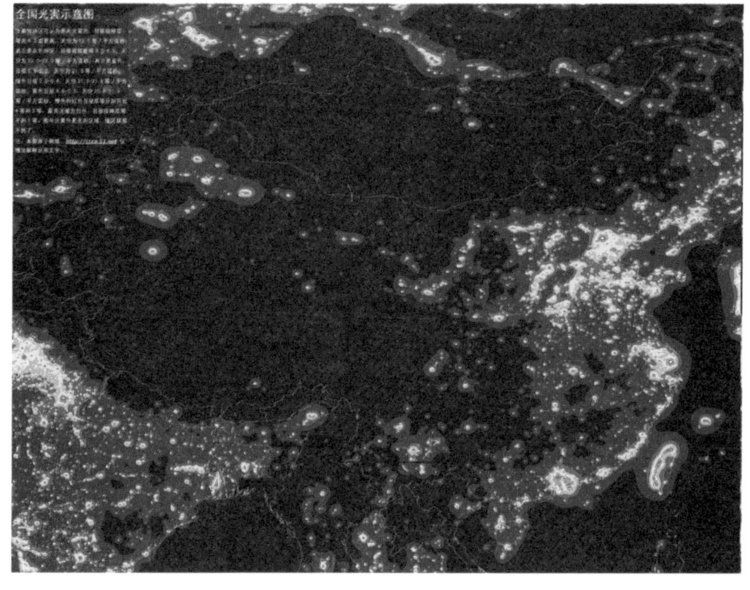

a
b

图 4-17　中国城市灯光示意图

夜晚的千万灯盏仿佛使人置身于燃烧的森林当中。据天文学统计,在夜晚天空不受光污染的情况下,可以看到的星星约为7000颗,而在路灯、背景灯、景观灯乱射的大城市里,只能看到大约20—60颗星星。

图4-18　北京夜景

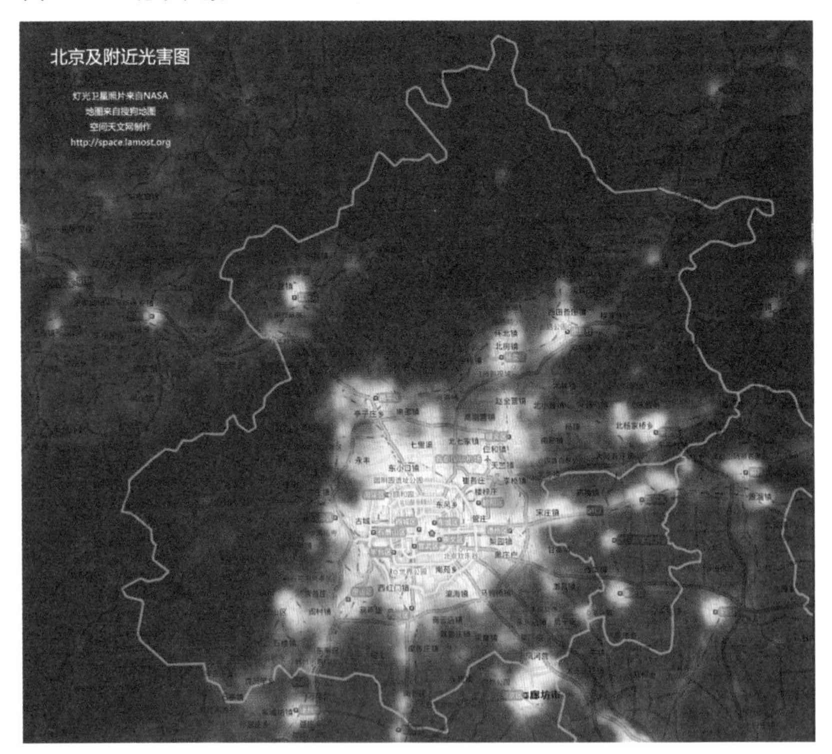

图4-19　北京及附近光害图

不夜城也改变了人们日出而作、日落而息的生物钟，人们在夜晚的兴奋中得到愉悦，但这种做法事先并没有与动物商量。《绿色空间》讲述了这样一个故事：为了迎接即将到来的奥运会，2004年开始准备在颐和园安装夜间照明设备。颐和园是北京雨燕的主要栖息地，研究者们事先做了光照对雨燕的影响实验，当夜间照度达到小区道路照明水平（5—10个勒克斯）时，雨燕便会大量惊醒，躁动不安，当照度继续加强时，有的雨燕便会撞到柱子上。

图4-20　颐和园的夜间强光

光污染影响人类的第二种类型是白亮污染。人无法直视太阳，可现在却被迫接受玻璃幕墙、釉面砖墙、磨光大理石和各种涂料的反射光线。

图4–21 白亮污染

一般白粉墙的光反射系数为69%—80%，镜面玻璃的光反射系数为82%—88%，特别光滑的粉墙和洁白的书簿纸张的光反射系数高达90%，比草地、森林或毛面装饰物高10倍左右，这个数值大大超过了人体所能承受的生理适应范围，构成了现代新的污染源。(《关于城市光污染对环境影响的问题的分析》)

图4-22　柔和的自然绿色

人如果长时间接受日光反射，我们的视觉系统则会受到不同程度的损害，"在被污染的人群中白内障、青光眼的发病率可高达45%，几乎百分之百的被污染人群会产生头昏心烦、脾气焦躁、忧郁失眠、食欲下降、精神萎靡等症状"。(王建国、王晓燕：《城市光污染的类型和预防治理价值分析》)

图4-23　北京国贸大厦刺眼的反光

光污染的第三种类型是彩光污染。人们在白天是纯粹的奋斗者，而习惯于在傍晚放松身心，闪烁的霓虹灯拉长了从白天向黑夜的过渡时间。商家为了吸引人气和获取商业利益，一味追求灯的光亮度和色彩，使得人们再次投入到兴奋当中。在今日的繁华商业街区，光照亮度通常要高于国际认定的光环境功能区光照亮度的几十倍。城市人早已经习惯了夜生活，短时间的彩光接触并不会对健康造成损害，而住在商业区或者马路边的居民，则成为了患睡眠障碍的高发人群。

图4–24　上海夜景

图4–25　昼夜难辨

每道人为产生的光线都代表了某个人或某个群体的意志,如果我们只是选择灯下读书,尚可保持对他人个人权利的尊重,而今日城市的光线已经肆无忌惮地入侵了人们的眼睛,我们已经不知不觉地以损失健康和权利为代价默认了这一现实。

自1997年上海和北京环保部门首次收到关于光污染的投诉信后,城市光污染投诉数量逐渐增长,相对于光害的实际程度,投诉数量的意义显得微不足道,更多的人在没有意识到的光危害的情况下成为了受害者。

崔健曾蒙着双眼唱道:“你问我看见了什么,我说我看见了幸福。”我们选择蒙上双眼更多的只是出于无奈。或许,“该是由星星而不是过往船只的灯光为我们指引方向的时候了。”(奥马·布莱德将军)

图4–26　光明的逆袭

4.3

电磁辐射污染:“化”与人的异化

电是在人类开始大规模征服自然的年代成为应手之物的,电线随着城市化进程迅速蔓延开来。

图4-27　遍布城市的电线

此后人类又从电气时代走向了电子时代，无数的接收器和发射器遍布城市，而我们把当今的时代称为信息“化”时代——信息人和信息城市的进程还远未完成。

电和电产品给我们的生产生活带来了巨大的便利，但同时也使我们生活在了巨大的人造电磁场当中，变电站、手机基站、地铁、电车、电器等公共电磁辐射源以及手机、电脑等个人消费电子电器产品，向周围传播着不同强度的电磁波，导致城市电磁环境总量呈指数方式增加。“人为制造社会比自然环境的（电磁辐射）场强值要高2亿倍”（中国电工技术学会电磁专业委员会委员赵玉峰），“今后人为产生的电磁辐射源还将以每年10%左右的速度增长，早在1975年就有专家预言，到2025年城市环境电磁能量密度将增加700倍”（中央电视台《环境质量报告》）。

图4–28　信息化带来的辐射场

人体生命活动包含一系列的生物电活动，这些生物电对环境的电磁波非常敏感，人类和其他生物在漫长的进化史当中已经适应了自然的电磁场，而在短短百年时间内，城市的电磁环境出现了亿级的剧烈变化，大大超过了生物适应进化的速度。

图4–30　孕妇防辐射服广告——辐射危害遍布的家

今天我们的家中已经离不开电气和电子产品了，但由于电磁污染不像浊水污泥和满地垃圾一样能够被人看到，因此人们又总是易于忽略它的存在，而女性一旦成为准妈妈时，原本舒适的家突然变成了让人诚惶诚恐的场所。为了保护脆弱的新生命，专门用来防辐射的孕妇服近年来开始热卖。

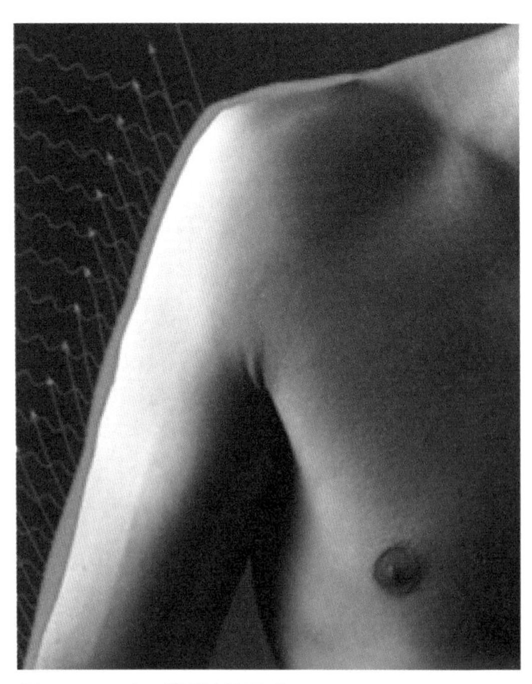

图4–29　人对辐射的适应

磁辐射的单位是μT，研究显示，辐射在0.4μT以上属于较强辐射，属于危险值，对人体有一定危害，特别是儿童，长期接触的儿童患白血病的几率比正常儿童高1倍。如果辐射在0.3到0.4μT之间，属于警戒值，长期接触的儿童患白血病的几率是不接触的0.75倍。只有低于0.3μT特别是0.1μT以下的辐射，可以认为是安全的。

表4-1　家用电器电磁辐射强度

电器	测量条件	辐射强度	综合危害等级
电磁炉	电磁炉上方0.3米	1.40μT	★★★★★★★
微波炉	距离炉门中央0.05米	30.14μW/cm2	★★★★★★
电吹风	热风档时出风口	7.16μT	★★★★★
风扇加湿器	距离1米	0.52μT	★★★★★
大吸尘器		15μT	★★★★★
台式电脑电源接线	接近	0.47μT	★★★★☆
低音炮音箱	距离0.4米	0.17 μT	★★★★☆
电熨斗	在加热状态下，手柄处	1.22μT	★★★★☆
台式电脑的主机	接近前端	0.17μT	★★☆☆☆
电热毯	在高档使用时电热毯中央部位	0.55μT	★★☆☆☆
电视	距离正面3米	0.12μT	★☆☆☆☆
笔记本电脑	显示屏前0.3米	0.10μT	★☆☆☆☆
液晶显示器	距离显示屏前0.5米	0.11μT	★☆☆☆☆

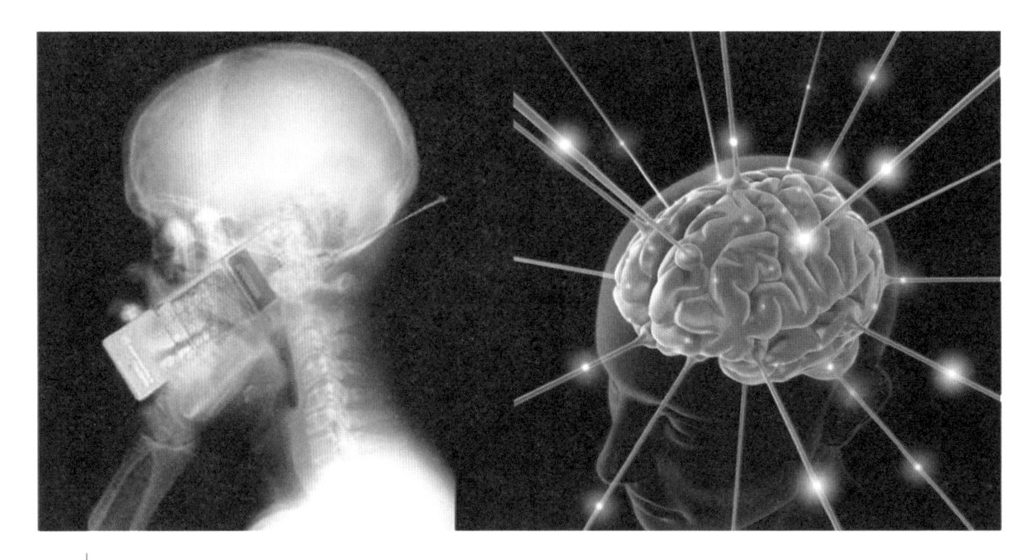

a | b 图4-31 手机——随身辐射器

电磁辐射除了立竿见影的热效应伤害和非热效应伤害外，还有一种就是积累效应伤害。如果输电线离我们很远，而很多电器辐射又不强，尚不足为虑，那么时时紧贴在我们身边的手机又会有怎样的危害呢？关于手机电磁辐射的危害一直是具有争议性的问题，但澳大利亚科学家通过比较11项相关研究成果得出结论："使用手机超过十年将使经常贴近手机一侧的脑部生成肿瘤的几率提高一倍以上。"（百度文库，《10招教你远离手机辐射》）

也许最大的危害还不是城市电磁场强度数亿倍数的改变，而是我们对电器和信息化的依赖。当我们完全依赖一种东西的时候，我们将获得所有的好处，也不得不承受所有的代价。

5 一个城镇的污染与中国的环境危机

虎门：

虎门是广东省东莞市的三大城镇之一，镇中的鸦片战争博物馆内静静地矗立着一座双手掰断烟枪的巨大雕塑，在今日与史为邻的虎门居民正为致富而忙碌奔波着。

图5-1　鸦片战争博物馆

图5-2　今日虎门

中国：

对大多数中国人而言，虎门是作为中华民族为实现富国强民而奋斗的符号存在于人们心中的。19世纪初期，随着鸦片的大量涌入，中国保持的对外贸易出超优势出现逆转，1820—1840年间，中国外流白银约在1亿两左右，经济开始走向崩溃的边缘，更为严重的是鸦片的泛滥极大地摧残了国民的身心健康，中华民族国贫民弱。1839年6月，林则徐在虎门镇采取强硬措施销毁鸦片，力图挽救日益溃烂的中国社会和国民体质。

图5-3　鸦片灾难

但虎门销烟却带来了意想不到的严重后果——此举遭遇英国政府的强烈反对，1840年6月，由48艘舰船和5000余名英军组成的英国远征军封锁了广州珠江口，鸦片战争爆发。鸦片危机演变成为长达百年的民族灾难。

回顾这段历史时，我们只能感到无奈，当时的历史形势无法为“中国该怎么办”提供更好的选项。

图5-4　电影《鸦片战争》海报

虎门：

虎门依靠服装、旅游等产业成为了广东“四小虎”之一，财税收入连年位居全国乡镇榜首。近年来，虎门镇决定向“国际滨海城市”转型，可严重的环境污染阻碍了转型计划。

在镇内有一条穿越19个城镇的运河静静流过，流经虎门段的河道长10020米，位于其上游的14个城镇向运河内排放了大量的工业废水和生活污水，而虎门本身也是该河道的排污大户。2010年前，虎门每天向河内排放3500吨生活污水，工业污水排放量难以统计，仅一个东莞冠越玩具有限公司每天的污水排放量就达到882吨。自1997年开始，河水变得无法饮用，2009年东莞市环保局虎门分局的杜元成说：“目前东引运河虎门段为5类水质，丧失了水功能，为重度污染。”

虎门镇从2005年开始向居民收取每年达5000万元的污水处理费，2010年镇政府将投入3.2亿进行水利堤岸加固、截污管道铺设、道路改造，力图消除水污染给虎门带来的转型障碍。可实际上，要彻底还原河流的清澈面目，还需要对已污染的水质、河床进行净化清淤，这一部分的投资将会更大。

图5-5　虎门市的“黑龙江”（摄于2009年）

中国：

百年灾难之后，随着新中国的建立，尤其是上个世纪70年代末的改革开放，中国重新向国富民强的目标迈进，但新的问题随之而来。

30多年的改革开放，中国国力得以明显提升，创造了不少奇迹。中国的经济增长速度全世界第一，中国的外汇储备全世界第一，中国引进外资全世界第一，与此同时，“世界银行做了一个统计，说空气污染造成的一系列损失几年内将达到我们GDP的13%。可能估计得稍高一些，但确实表明我们必将回头支付巨大的治理成本，而这些治理成本很可能抵消我们取得的经济成果。”（中国环保局副局长潘岳：《中国环境问题的思考》，2006年12月）

2010年中国的GDP总量达到40万亿元，紧随欧盟和美国之后居世界第三，如果仍旧是13%的损失，那么我们仅因空气污染就要损失5.2万亿元，是教育投资总量的三倍多，损失的消耗已经远远超过了投资未来的财力花费，况且这种比较还未把水污染、固废污染带来的损失计算在内。

图5-6　代价

虎门：

除了水资源被严重污染之外，还有另外一大难题就是电厂带来的空气污染。自2002年以来，维持虎门经济活动和居民生活的电力全部由采用燃油发电的虎门发电厂提供。

发电厂长年排放刺鼻的废气和褐色的灰尘，“当地一位摄影爱好者拿出多年前拍摄的照片，污染场景让人‘触目惊心’：翠绿的菜叶上黑点斑斑；表皮被‘烟熏’了的甘蔗……而在电厂门口的环岛路上，近100米的林荫道上落满了如同铁锈般的红褐色尘埃，需要厂里每天清晨派洒水车冲洗路面后，才能恢复原貌。”（《南方日报》，《虎门发电厂因废气污染暂停发电》）

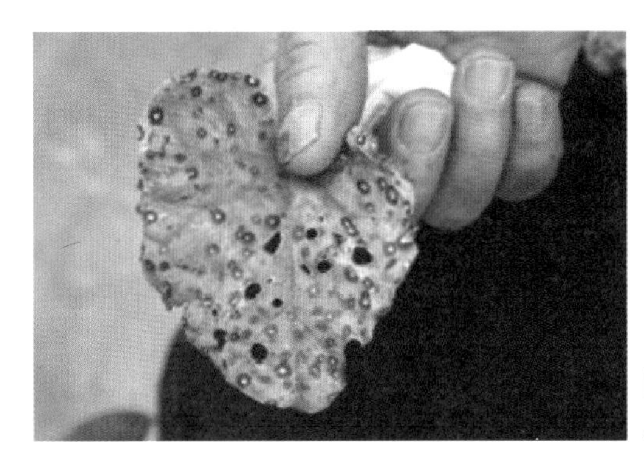

图5–7　蔬菜叶子斑点累累，村民说这是电厂油点造成的。

中国：

除了经济损失，发展也带来了严重的生态破坏——在城市化的过程中，我们并不需要多做什么，仅仅是修路造房，把土壤地转变成水泥地，就会造成生物栖息地大面积消失，“改革开放以来的30年中仅城市化推进用地就达5000多万亩”（曾黎黎、张春艳：《重庆城市建设用地需求分析预测》）。“未来15年，城市化水平每提高1%，占用的建设用地会更大，高达3459平方千米”（周子章：《保增长下能否保住18亿亩耕地红线》）。

图5–8　城市化——去自然化

中国：

如果再加上城市中的工业污染、生活污染等对自然界的影响，城进物退的后果将更加严重。

《中国生物多样性保护战略与行动计划》(2011—2030)描述了中国生物多样性受威胁的现状，包括部分生态系统功能不断退化，人工林树种单一，90%的草原不同程度地退化，部分重要湿地退化，海洋及海岸带物种及其栖息地不断丧失，野生高等植物濒危比例达15%—20%，野生动物濒危程度不断加剧，非国家重点保护野生动物种群下降趋势明显等问题。

稳定的生物多样性形态是人与其他生物得以生存的前提，在庞大的生态圈中，所有的生物构成了一个彼此相互牵制的生物链，在生物链中某一点的变化就会引起整个生物链的变化，一个物种的灭亡就会引发其他物种的灭亡。当物种灭绝的多米诺骨牌依次倒下的时候，人类当然无法幸免于难。

图5-9 发展与生态的对弈

a | b 图5-10 灭绝动物墓地

虎门：

在河水、空气变脏变黑的同时，虎门的垃圾山也在不断增高。在2010年前，虎门镇怀德社区下辖的远丰村的垃圾填埋场每天都要接受100辆运输车的垃圾。快速增长的垃圾无法被适当处理，垃圾当中产生的有害物质随着火灾、流水而逐渐向周围扩散，附近村民频繁接触有害物质，生命健康受到危害。2008年，村民邓淦明因肺癌病逝，成为自2002年以来427人的小村子当中第9个患癌症死亡者。全村肿瘤发病率高出全国标准近3倍，远丰村变成了“癌症村”。

图5-11　远丰村垃圾山

图5-12　从垃圾山上流出的污水

中国：

今日中国的生态环境全面恶化，严重地损害了人们的生命体质。“据肿瘤专家统计，每年200多万癌症病死者中，70%跟环境污染有关。”（《中国环境问题的思考——潘岳副局长在第一次全国环境政策法制工作会议上的讲话》，2006年12月）“自上世纪70年代以来，我国癌症死亡率一直呈持续增长趋势，上世纪70年代、90年代和本世纪初，每年死于癌症的人数分别为70万、117万和150万”，当前“每年全球癌症死亡人数约为700万人，其中24%发生在中国”（中华医学会副会长、2010年世界抗癌大会主席郝希山）。专家预计2020年中国癌症死亡人数将超400万。

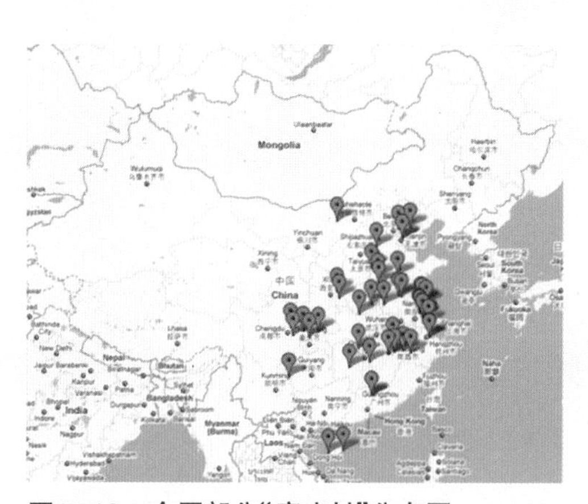

图5-13　全国部分“癌症村”分布图

邓飞于2009年绘制了中国“癌症村”地图，标注了已公开报道的32个“癌症村”，在这当中，虽有许多是因受到农药污染的影响而造成的，但更多的则是建造城市、城市排放所带来的污染造成的，除了城市居民的生命健康受到影响，农村居民也拿自己的生命健康为城市化买了单。

虎门：

1839年，虎门人将鸦片投入江中；今天，镇内的毒物却在与日俱增。虎门镇的财富、生态和居民生命又一次面临着危机。

虎门人已经意识到了危机的到来，希望用河道整体规划、燃气电厂代替燃油电厂、建立垃圾焚烧发电厂等措施走出困境，这些措施能够化解危机吗？

图5-14　鸦片——明患

图5-15　垃圾——隐患（虎门垃圾山与拾荒者，摄于2009年）

中国：

“28年的改革开放……污染是发达国家的30倍……化学需氧量排放是全世界第一，二氧化硫排放量是全世界第一，碳排放是全世界第二，十年以后第一。我们的江河水系70%受到污染，40%严重污染，流经城市的河段普遍受到污染，城市垃圾无害化处理率不足20%，工业危险废物化学物质处理率不足30%……4亿多城市人口呼吸不到干净的空气，其中1/3的城市空气是严重污染。世界空气污染最严重的20个城市，中国占了16个，一半多的城市空气不达标，山西几乎全不达标。1/3的国土被酸雨覆盖，‘逢水必污、逢河必干、逢雨必酸’”（《中国环境问题的思考——潘岳副局长在第一次全国环境政策法制工作会议上的讲话》，2006年12月）。

发展为我们创造了财富，但也造成了致使环境污染的危机。如果说这是发展的必然代价，我们正在走的是一条先污染后治理的路，那么，中国将如何走通这条道路呢？

图5-16　城殇

结语：城市生命永续的可能

今日中国的城市化程度越来越高，我们对城市的要求也越来越多，但是不要忘了，无论何时，对我们的生命至关重要的东西其实只有三样：干净的空气、清洁的淡水和未受污染的土壤。

长期以来，我们舍本逐末式的错误行为终于导致了城市环境危机，致使我们一方面在竭尽全力地与癌症作斗争，另一方面又为了得到更多的“面包”而肆无忌惮地制造癌症。今日的环境问题“已不是什么‘隐约逼近的危机’，而是一个已到眼前的危机。我们一直说要搞好环境造福子孙后代，实际上是我们这代人能否安然度过的问题”（中国环保局副局长潘岳：《中国环境问题的根源是我们扭曲的发展观》，2005 年）。

分析至此，我们不得不重提环境库兹涅茨曲线，我们常讲的一句话——“先污染后治理是很多发达国家走过的路，我们今日面临的环境危机终将会随着经济增长而被克服”——是对这条曲线最浅层面的恰当解读。

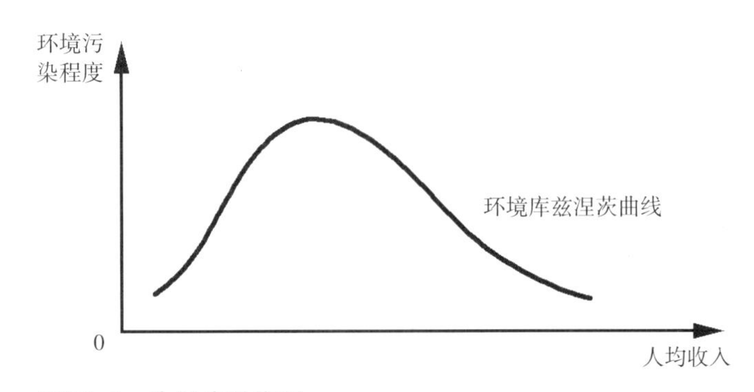

图尾–1　先污染后治理

可是任何预测的实现都是有前提条件的,中国城市要想实现环境转机,有两个条件不容或缺:1. 我们有足够少的欲望去透支环境,2. 我们有足够大的环境容量来应对最坏的情况。

对于条件1而言,中国城市人口在将来还会不断增长,而人的欲望又是无限的,人作为吸取负熵的个体,其贪婪的本性很难消除:老子"清静无为"、"小国寡民"的思想存在了2500年,可应者甚寡,但中国实行市场经济仅仅30多年,人的贪婪就被极大地鼓励和极大地释放,城市化趋势伸出了看不见的手肆无忌惮地透支自然,而一双肮脏的脚也肆无忌惮地留下黑色的脚印。

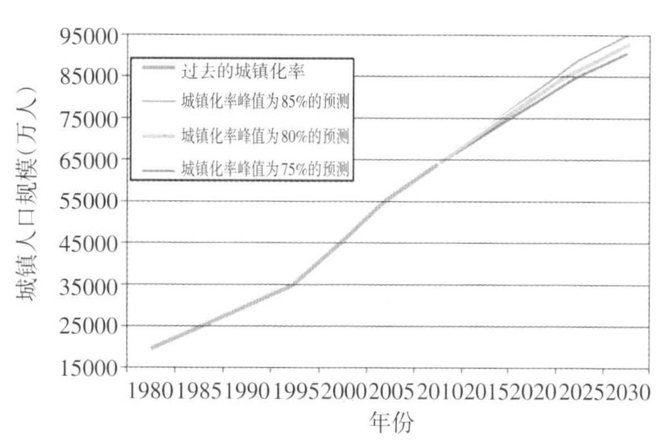

图尾-2　中国城镇人口增长

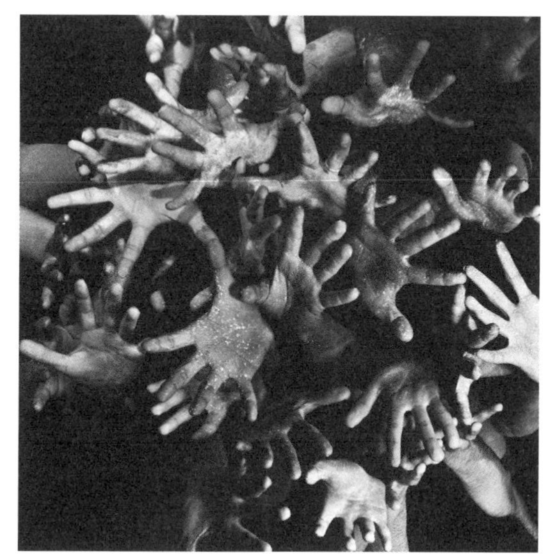

a / b　图尾-3　人类的渴望多于智慧

对于条件2而言，城市本身的环境容量是微乎其微的，因而中国城市的过量污染要么捂在内部——这将会迅速而彻底地摧毁城市本身，要么只能向三个地方转移：农村、自然界和国外。

农村已经毫无道理地承受了城市化的环境代价，环境不公平是现在城乡诸多不公平的重要内容之一，并且农业是人类生态链的基础部分，污染已成为造成近日食品危机的一个重要灾难源头。

而向远离城市与农村的自然界排污的后果同样如此，透支自然运动已经造成了诸如生物种类数量剧减、其他生态环境全面退化等彻底的毁灭性问题，地大物“薄”的自然界环境容量即将饱和。

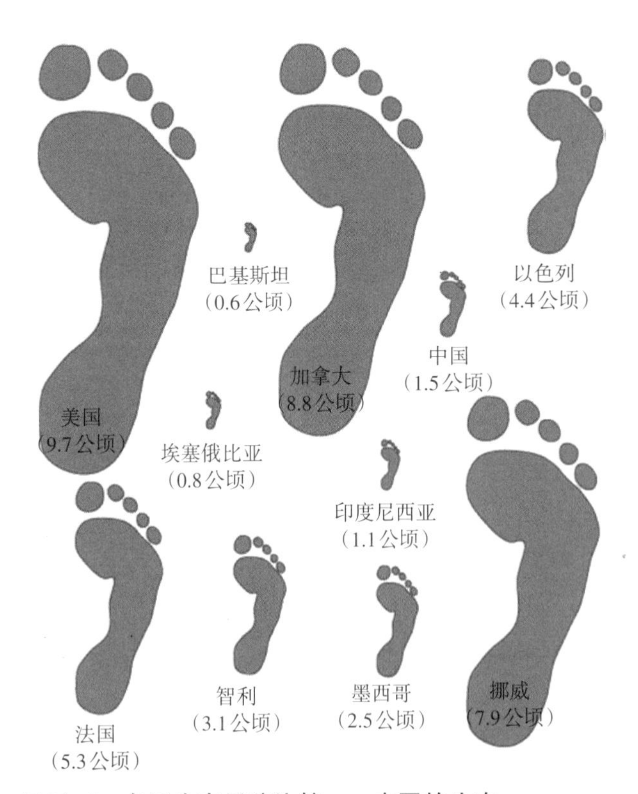

图尾-4　各国生态足迹比较——中国的生态足迹并不大，可是在世界上再无落脚之地。

那么,国外是否有中国排污的一席之地呢?奥巴马在2010年曾说过这样一句话:“如果超过10亿的中国居民现在过着和澳大利亚和美国人一样的生活模式,那么我们都将会陷入十分悲惨的状况,这个地球无法承受,所以中国的领导人理解,他们不得不下决定创建一个新模式,可以更好地持续发展,使得他们在追求他们想要的经济增长的同时处理所出现的环境污染的后果。”国际减排会议、绿色贸易壁垒等现实处处体现了这种“强盗逻辑”,发达国家不允许中国的污水外流、废气外排,而从肮脏土壤中产出的食品也当然被严禁出口,一切的一切均烂在中国的国土上,甚至连造成重污染的工业发展模式在全球化的分工体系下也难以被打破。

发达国家享受消费、落后国家承受污染的格局已经形成,我们作为发展中国家,即便是不要道德考量,地球上也已经没有地方允许我们再排放污染。面对奥巴马如此不公平的话语,我们只能生气,却很难争这口气。

a | b 图尾-5 限制中国

因此，城市实现环境污染转机的前提条件并不乐观，如果我们现在不以光的速度开始寻找途径改变现实，将来的环境污染程度则很可能会全面超过环境的最大容量，从而带来无法估量甚至不可逆转的严重后果。

面对危机，我们或许还可以将希望寄托在产生转机的三个条件上：

实现条件	针对问题	解决之道	理想预期
经济模式	高污染、高耗能的产业，如造纸、电力、化工、建材、冶金等形成巨大规模，占产业结构比例过大，造成严重污染。	调整经济规模与经济结构。	从能源密集型为主的重工业向服务业和技术密集型产业转移。
观念诉求	对房、车、各种商品、各种服务的无度需求，过度透支自然。	因收入升高而产生的对环境服务的需求增长。	所有人要求享受到更好的环境质量。
国家政策	直到十七届五中全会之前，国家强调“以经济建设为中心”，以GDP为纲，所有环保政策难以发力。	政府的所有治国措施均要考虑环境问题。	随着政府财力的增强和管理能力的加强，以及一系列环境法规的出台与实行，对环境污染形成有效治理。

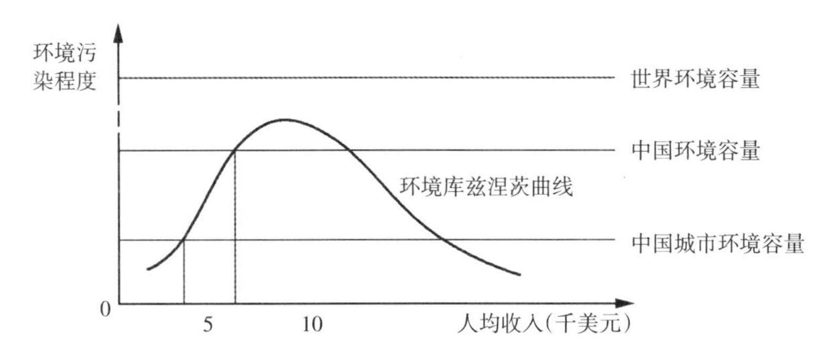

图尾-6　中国城市化的可能环境容量

我们认为,就中国目前的现状来看,在这三个条件中,国家治理将在其中起到决定性作用,一切转变只有在好的社会制度下通过科学的治理才能顺利实现;只有具备合理的国家治理制度,我们才有可能改变现有的经济模式,我们的环境诉求才能成为扭转危机的强大动力。

和尚分粥——通过治理改变困境

禅寺共有7个和尚,他们住在一起,每天共喝一桶粥。由于僧多粥少,难以满足每个人都吃饱的要求,怎么分配这桶粥就成了一个令人头疼的问题。

最初,他们商量确定:轮流分粥,每人轮流一天。结果每周下来,他们只有一天是吃饱的,就是自己分粥的那一天——负责分粥的和尚有权力为自己多分一些粥。大家体会到,有人说得对:权力会导致腐败,绝对的权力会导致绝对的腐败。

大家对这种办法不满意,于是推选出一个公认的道德高尚的和尚负责分粥。开始时,这个德高望重的和尚尚能公平地分粥,但没多久,他就开始为自己及拍他马屁的人徇私。大家于是要求换人,但换来换去,负责分粥的人碗里的粥仍是最多。权力导致腐败,大家开始挖空心思地去讨好他、贿赂他,最终搞得整个小团体乌烟瘴气。

大家对这种办法也不满意,经商量后组成一个监督分粥委员会,对分粥者实行严格的监督和制约,甚至作出弹劾。但问题是,这使负责分粥的人心理压力极大,为了避免动辄被弹劾,甚至要刻意少分些粥给自己;而且分粥者经常要向监督委员会汇报和撰写报告,并要接受他们的质询,等到他可以吃粥时,粥也早已凉了。结果是,没有人愿意再负责分粥,个个都选择加入监督委员会。

经验是摸索出来的。到最后,大家想出一个方法来:轮流分粥,但分粥的人要等其他人都挑完后吃剩下的最后一碗。令人惊异的是,在这一制度管理下,无论谁人分粥,7个碗里的粥都一样多!因为分粥者明白,如果7碗粥并非一样多,他无疑只能领到最少的一碗(因为他要最迟领粥)。

建立分粥委员会也可以做到很公平,但因为碗并非一样大,每个人的感觉、情绪不一样,每个人之间有着各种各样的矛盾,所以发生争吵甚至作出弹劾的事就很正常,效率上会很差。最后的那个分粥方法兼顾了公平和效率。

图尾-7 相同的资源,不同的制度

回顾近几十年的国家发展历史，很多在当时看来无法解决的难题都通过有效的治理手段尤其是制度上的改革解决掉了，比如改革开放之初，邓小平同志实行的市场经济、包产到户等一些列经济体制改革很好地适应了当时解放生产力的现实需要，而一国两制的体制创新又顺利地实现了香港和澳门的回归。

可在今日，我们的改革显得无比缓慢，举步维艰。中国从来都不缺少好的理念、好的思路，可不利于中国的全球化经济格局和经济规则、现有治理体制存在的问题、二元对立的经济结构、国内各利益阶层的需求差异以及各种尚待改进的社会规则和制度安排，盘根错节地纠缠在一起，对改革形成了巨大阻碍，以至于仅仅是依法拆除一个排污的化工厂都能成为牵一发而动全身的大事、难事。

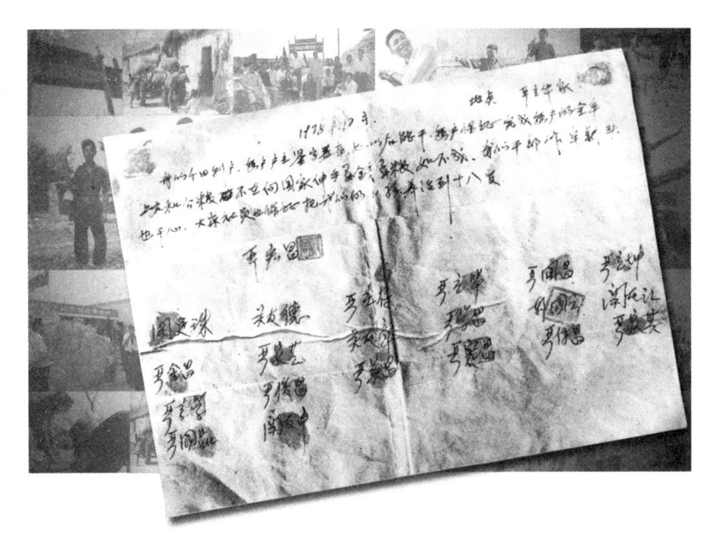

图尾-8　包产到户——制度创新的大手笔

“哪怕能吃一顿饱饭，拉去杀头也就满意了。”——严俊昌（原小岗生产队队长）

爱因斯坦曾经讲过:提出一个问题往往比解决一个问题更重要。提出一个新的问题往往意味着思维在范式层面的转变,其含义正好符合了今天中国在治理改革方面面临的困境:我们无法用产生问题的思维来找到解决问题的方法。

因此,要想实现国家治理对城市环境危机和中国环境危机的扭转,我们唯有通过转变范式的方法,跳出削足适履式的改革方式。2010年10月召开的十七届五中全会首次未把"以经济建设为中心"写入会议公报,而是继续强调了"坚持科学发展,更加注重以人为本,更加注重全面协调可持续发展",建设"环境友好型社会","加大环境保护力度"……一系列的变革目的就在于此。2012年11月胡锦涛在中国共产党第十八次全国代表大会报告中特别强调:"建设生态文明,是关系人民福祉、关乎民族未来的长远大计。面对资源约束趋紧、环境污染严重、生态系统退化的严峻形势,必须树立尊重自然、顺应自然、保护自然的生态文明理念,把生态文明建设放在突出地位,融入经济建设、政治建设、文化建设、社会建设各方面和全过程,努力建设美丽中国,实现中华民族永续发展。"然而需要注意的是,在这些理念性战略的实现过程中,必然会碰到各种问题惯性的对抗,唯有执政党、政府和国民共同努力,才能打破被惯性左右的局面,才能走出今日的城市环境危机,才能创造中国城市的美好未来!

延误时机,犹豫不决,只提出令人宽慰却毫无意义的权宜之计——这样的时代结束了,现在我们必须直面后果。

——温斯顿·丘吉尔,1936年

图表索引

图 1-10 source:《时代周刊》

图 1-11 source:"China: Too much trash"

图 1-12 source:"China: Too much trash"

图 1-13 source; 周承伟摄,《建设者》,http://www.alwindoor.com/sheying/index.asp

图 1-14 source:姚大伟摄,newunique.spaces.live.com/blog/cns!A45CBA4E720BE5D0!1986.entry

图 1-15 source:http://news.cctv.com/society/20081109/101619.shtml

图 1-16 source:www.ech.com.cn

图 1-17 source:http://hzfoto.com/fotobbs/showtopic.aspx?topicid=6244

图 1-18 source:《一幢建筑的非正常"死亡"》,http://news.163.com/photoview/3R710001/10997.html

图 1-19 source:Edward Burtynsky 摄

图 1-20 source:临风飘影摄

图 1-21 source:www.ceh.com.cn

图 1-22 source:http://www.nikdaum.com/news/2009/06/building.html

图 1-23 source:http://wiki.21yyw.com/doc-view-4857.html

图 1-24 source:http//www.art.china.cn

图 1-25(a) source:http://www.calvadoshof.com/Advocate/2007No03.html

图 1-25(b) source:google 地球图片

图 1-26 source:Greenpeace International

图 1-27 source:http://www.intel.com/about/companyinfo/museum/exhibits/sandtocircuits/facts.htm

图 1-28 source:《时代周刊》

图 1-29 source:穆京祥,《中国电子废弃物研究》

图 1-31 source:时代周刊

图 1-32 source:Zhou Guomei,"Promoting 3R strategy:e-wastes management in China"

图 1-33 source:硅谷有毒物质联盟

图 1-34 source:http//www.ban.org

图 1-35(a) source:http://www.qdit.com/yjzs/lift/20058/2516951.htm

图 1-35(b) source:《时代周刊》

图 1-35(c) source:http://blog.lib.umn.edu/enge/ewaste/

图 1-35(d) source:http://www.planetgreenrecycling.net.au/ewaste-in-depth.php

图 1-35(e) source:http://china.nowec.com/supply/detail/6380787.html

图 1-36(a) source:Sherry Lee 摄,2002 年 5 月 12 日,*South China Morning Post Magazine*

图 1-36(b)source:http://www.ban.org

图 1-36(c)source:http://www.epochtimes.com/b5/3/9/10/n373309.htm

图 1-37 source:韦尔乔绘

图 1-38 source:http://yidihy.blogbus.com/logs/41579372.html

图 1-39 source:牟艳摄

图 1-40 source:http://davidjoel.deviantart.com/art/Ricardo-s-Tattoo-162522710

图 1-41 source:http//www.maolive.com.cn

图 1-42 source:董磊制,根据《中国包装行业市场规模分析》和其他数据整理

图 1-43 source:生活新报网

图 1-44 source:http://bbs.cqzg.cn/thread-733230-1-1.html

图 1-45 source:董磊摄

图 1-46 source:韦尔乔绘

图 2-1 source:http://www.wangxuebing.com/bbs/Announce/Announce.asp?BoardID=11&ID=27628

图 2-2 source:鲁海涛摄,2004 年,《上海迷雾》,http://news.xinhuanet.com/photo/2005-03/25/content_2741512_20.htm

图 2-3 source:http://matadornetwork.com/focus/global-environmental-issues/

图 2-4 source:http://auto2.lidovky.cz/clanek_lidovky.php?id_clanek=4432

图 2-5 source:http://www.eedu.org.cn/Article/es/envir/edevelopment/200802/21192_2.html

图 2-6 source:http://tupian.hudong.com/a2_58_60_01300000241358124202600352181_jpg.html

图 2-7(a) source:新华网

图 2-7(b) source:http://tieba.baidu.com/f?kz=734186296

图 2-8 source:google 卫星图片

图 2-9 source:《令人痛心的临汾之霾》,环球网论坛

图 2-10 source:http://transpacifica.net/2010/10/19/pollution-from-space-and-human-geography/

图 2-11(a) source:《纽约时报》

图 2-11(b) source:http://www.timesonline.co.uk/tol/sport/olympics/article4470968.ece

图 2-12 source:http://www.globalgiants.com/archives/U.STeamGroup-02-L.html

图 2-13 source:http//www.elrst.com/2008/07/22/beijing-olympics-and-the-fear-of-bad-air-quality/

图 2-14 source:张燕辉摄,http://www.gov.cn

图2-15 source:Cai Shangxiong摄,http://www.chinadaily.com.cn/zgzx/2009-06/03/content_7965398.htm

图 2-16 source:http://bbs.local.163.com/bbs/bj4hy/172113412.html

图 2-17 source:china energy council

图 2-18(a) source:马文晓摄,http://blog.voc.com.cn/blog_showone_type_blog_id_549846_p_1.html

图 2-18(b) source:shbear 摄,publicforum/content/no04/605363/1/0/1.shtml

图 2-19 source:http://niaochao2008.zhan.cn.yahoo.com/index.html

图 2-20 source:http://www.wutnews.net/news/news.aspx?id=43299

图 2-21 source:achao 摄,http://bbs.fengniao.com/forum/

图 2-22 source:刘小青制,人民网

图 2-23 source:http://qizhi.hexun.com/2008-01-06/102650822.html

图 2-24 source:金硕摄,http://www.china.com.cn/photochina/2012-09/21/content_26587063.htm

图 2-25 source:Tong Qing,"Current Status of Beijing Energy Use & the Future Development Goals"

图 2-26 source:http://newshopper.sulekha.com/china-climate-change_photo_1075702.htm

图 2-27 source:江亿、徐建中、朱成章、吴辉,《电厂,我为你哭泣》

图 2-28(a) source:"How does china reduce co_2 emissions from coal fired power generation?"

图 2-28(b) source:http://www.scienceimage.csiro.au/mediarelease

图 2-28(c) source:bokeland yangjunxiang.blshe.com/post/4568/275750

图 2-28(d) source:bokeland yangjunxiang.blshe.com/post/4568/275750

图 2-29 source: http://www.wghanhai.com/newsdetail.aspx?id=151

图 2-30 source:www.cntee.net

图 2-31 source:《北京绿色奥运 2006-07——北京的环境改善:空气质量》,http://www.beijing2008.cn/bocog/environment/guidelines/n214262837.shtml

图 2-32 source:http://blog.omy.sg/tech/archives/1718/comment-page-1

图 2-33 source:http://www.britannica.com/bps/image/1384289/108706/Motorists-are-stuck-in-a-traffic-jam-on-a-highway

图 2-34 source:http://www.jiaodong.net/sports/system/2008/07/23/010300792.shtml

图 2-35 source:http//www.nasa.gov/topics/earth/features/olympic_pollution.html

图 2-36(a) source:张善臣摄,新华网

图 2-36(b) source:刘新武摄,光明网

图 2-37 source:www.beijingairblog.com

图 2-38 source:思敏博客

图 2-39 source: www.beijingairblog.com

图 2-40 source:卢为薇、范涛摄,腾讯视界

图 2-41 source:http://blog.oulove.org/2009/09/automobile-exhaust-pollution/

图 2-42 source:http://homeimg.focus.cn/photo/5363876/5363876.jpg

图 2-43(a) source:http://www.cartoonstock.com/directory/e/exhaust_fumes.asp

图 2-43(b) source:http://0475.teambuy.com.cn/auto/info.php?chno=6&Bigid=60000&infoID=103040

图2-44 source:http://image.xcar.com.cn/attachments/a/day_090812/20090812_cccb365604501290d2e8D7d04oOyuque.jpg

图 2-45 source:http://youth.bchd.cn/attached/info/1511/%E7%96%8F%E5%AF%BC%E8%BD%A6%E6%B5%812.jpg

图 2-46 source:http://news.sina.com.cn/s/p/2009-02-18/083717238299.shtml

图 2-47 source: http://club.tech.sina.com.cn/dc/thread-830237-1-1.html

图 2-48 source:TNS Automotive China,"Five critical issues for the Chinese auto industry in 2009"

图 2-49 source: Edward Burtynsky 摄

图 2-50 source:http://www.life.com/image/73172081#

图 2-51 source:邢广利摄,http://news.qq.com/a/20100302/003031.htm

图 2-52 source:徐冰作品:《尘埃》,http://www.xubing.artnews.cn/index.php/site/projects/year/2004/where_does_the_dust_itself_collect.htm

图 2-53 source:社团法人日本建筑学会,室内化学污染物质调查研究委员会

图 2-54 source: Tom Sheahen 摄，http://picasaweb.google.com/lh/photo/jslCobCmY3hSIIdxxFeqfQ

图 2-55 source: 王其均，《华夏营造——中国古代建筑史》，中国建筑工业出版社

图 2-56(a)source: 中华网论坛 http://club.china.com/data/thread/24900394/274/90/10/2_1.html

图 2-56(b)source: 中华网论坛 http://club.china.com/data/thread/24900394/274/90/10/2_1.html

图 2-57 source: 戴亦梁供图

图 2-59 source: www.flickr.com/photos/gaetanlee/421949167

图 2-60 source: www.1800recycling.com/wp-content/uploads/2010/07/formaldehyde.jpg

图 2-61 source: 中央电视台，《探索发现之致命毒素——甲醛：高悬的双刃剑》

图 2-62 source: 张寅平制

图 2-63 source: Jennaca Davies Blog, http://www.jennaca.com/blog/?p=36

图 3-1 source: http//www.china-waterworks.com

图 3-2 source: http://www.ynluxi.gov.cn/zwpd_newsshow.asp?id=2147

图 3-3(a)source: http://www.china.com.cn/news/txt/2008-04/15/content_14953941.htm

图 3-3(b)source: http://www.chinawater.com.cn/ztgz/xwzt/2007thlz/4/200706/t20070601_206278.htm

图 3-3(c)source: http://www.china.com.cn/news/txt/2008-04/15/content_14953941.htm

图 3-4 source: http://www.ep.net.cn/

图 3-5 source: http://www.xsdcsx.com/article/showarticle.asp?articleid=317

图 3-6 source: 新华网

图 3-7 source: http://www.nxnews.net/1740/2007-6-27/40@233671.htm

图 3-8 source: 卢广摄，2009 年 6 月 10 日，镇江，http://www.ionly.com.cn/nbo/zhanlan/pic_68822.html

图 3-9 source: 王浩，《城市水资源管理中若干问题的探讨及对资源管理的几点建议》，2009 年

图 3-10 source: 《2009 年中国环境状况公报》

图 3-11(a) source: http://www.gdepb.gov.cn/hbxw/t20061101_45700.html

图 3-11(b) source:http://blog.sina.com.cn/s/blog_5cd4fc360100p99t.html

图 3-11(c) source: http://blog.sina.com.cn/s/blog_5cd4fc360100p99t.html

图 3-11(d) source: http://blog.sina.com.cn/s/blog_5cd4fc360100p99t.html

图 3-12 source: http://byaki.net/2007/08/29/kreativnaja_reklamacool_ads.html

图 3-13 source: http://www.zdnet.com/blog/healthcare/watch-bpa-get-taken-seriously-now/2980

图 3-14 source: 董磊制

图 3-15 source: http://www.yycqc.com/bbs/thread-457-1-1.html

图 3-16 source: google 地图

图 3-17(a)source: http://www.hangzhou.com.cn/20050801/ca929372.htm

图 3-17(b)source: 徐家军摄，http://china.nowec.com/c/2/200511/16430.html

图 3-17(c)source: http://www.hi.chinanews.com/hnnew/2005-11-14/30525.html

图 3-17(d)source: http://china.nowec.com/c/2/200511/16430.html

图 3-17(e)source: http://www.ccep.org.cn/news/list_1.html

图 3-17(f)source: http://china.nowec.com/c/2/200511/16430.html

图 3-17(g)source:http://www.ccep.org.cn/news/list_1.html

图 3-17(h)source: http://china.nowec.com/c/2/200511/16430.html

图 3-18 source:google 地图

图 3-19(a)source:http://founder.china.cn/firechina/ztbd/txt/2009-07/21/content_3044418.htm

图 3-19(b)source:http://founder.china.cn/firechina/ztbd/txt/2009-07/21/content_3044418.htm

图 3-20 source:http://www.hljic.gov.cn/zehz/hzdt/kjhz/t20070717_183455.htm

图 3-21 source:www.infzm.com

图 3-22 source:http://www.xsdcsx.com/Article/ShowArticle.asp?ArticleID=317

图 3-23(a)source:http://www.haoyily.com/gonglue.aspx?keyid=6546

图 3-23(b)source:http://www.bestour365.com/travelline/11666790.html

图 3-23(c)source:http://bbs.gupiao8.com/read-htm-tid-856571.html

图 3-23(d)source:http://www.eu169.com/agency/dem/line_158762-27.html

图 3-24 source:黑龙江大学新闻与传播学院2005级研究生,《水危机事件中哈尔滨市民舆情调查报告》,2005年12月10日,中华传媒学术网

图 3-25 source:新华网

图 3-26(a)source:http://www.nen.com.cn/72343492830953472/20051123/1798504

图 3-26(b)source:http://www.nen.com.cn/72343492830953472/20051123/1798504

图 3-26(c) source:http://informationtimes.dayoo.com/gb/content/2005-11/23/content_2311976.htm

图 3-27(a)source:http://www.nen.com.cn/72343492830953472/20051123/1798504

图 3-27(b) source:http://www.qingdaonews.net/content/2005-11/22/content_5645128.htm

图 3-27(c)source:http://www.nen.com.cn/72343492830953472/20051123/1798504

图 3-28 source:东北网

图 3-29 source:http://www.nen.com.cn/72343492830953472/20051123/1798504

图 3-30 source:新华网

图 3-31 source:新华网

图 3-32(a) source:http://www.yanji.cn/tv/readnews.asp?newsid=5683

图 3-32(b) source:新华网

图 3-33(a) source:http://www.nen.com.cn/72343492830953472/20051123/1798504

图 3-33(b) source: http://www.szjkw.net/jksx/2005-11-23/09010000011606.shtml

图 3-33(c) source: http://www.cfdd.org.cn/bbs/thread-33163-1-1.html

图 3-34 source:新华网

图 3-35 source:崔峰摄,http://news.qq.com/a/20051127/001114.htm

图 3-36 source:许海峰摄

图 3-37 source:http://www.people.com.cn/GB/paper68/16259/1436071.html

图 3-38 source:http://www.fyjs.cn/viewarticle.php?id=48737

图 3-39 source:http://www.fyjs.cn/viewarticle.php?id=48737

图 3-40 source:http://hi.baidu.com/%CA%AB%BB%CB/album/item/b0d65cc9a5274f020eb

34557. html#

图 3-41 source:http://old.hynews.net/hhwb/html/2009-02/21/content_103122.htm

图 3-42 source:http://www.lvyou114.com/map_City.asp?ID=77

图 3-43 source:http://www.80012315.com/diaocha/09282011JFG4F.html

图 3-44 source:http://news.workercn.cn/contentfile/2009/02/22/084823294141301.html

图 3-45 source:http://news.workercn.cn/contentfile/2009/02/22/084823294141301.html

图 3-46 source:http://news.workercn.cn/contentfile/2009/02/22/084823294141301.html

图 3-47 source:http://image.baidu.com/i?ct=503316480&z=0&tn=baiduimagedetail&word=%B1% EA% D0% C2% BB% AF% B9% A4% B3% A7&in=3874&cl=2&lm=-1&pn=24&rn=1&di=39152965710&ln=218&fr=&fmq=&ic=0&s=0&se=1&sme=0&tab=&width=&height=&face=0&is=&istype=2

图 3-48 source:http://news.workercn.cn/contentfile/2009/02/22/084823294141301.html

图 3-49 source:http://www.cnelder.cn/news/gnxw/2009/02/51478.html

图 3-50 source:www.christian-art.org.uk

图 3-51 source:http://hi.baidu.com/badegg/album/item/e671c7ea1fcfbb93d439c962.html#

图 3-52 source:http://ent.mop.com/star/22215.shtml

图 3-53 source:http://travel.beelink.com.cn/20040818/1657065.shtml

图 3-54 source:google earth

图 3-55 source:CEIC,国家发展改革委,万申研究,2007 年 10 月份数据

图 3-56 source:杨朝飞,《当前环境形势和对策措施》,2007 年

图 3-57(a) source:http://sci.ce.cn/yzdq/hb/hbxw/200706/25/t20070625_11925646.shtml

图 3-57(b) source:http://sci.ce.cn/yzdq/hb/hbxw/200706/25/t20070625_11925646.shtml

图 3-57(c) source:http://space.tv.cctv.com/article/ARTI1205210062688497

图 3-58 source:http://www.hbluntan.com/read-htm-tid-1709.html

图 3-59 source:张永强摄,http://env.people.com.cn/GB/146189/153158/163991/

图 4-1 source:http://www.finfacts.ie/irishfinancenews/International_4/article_1014420_printer.shtml

图 4-2 source:Edward Burtynsky 摄

图 4-3 source:许文菲供图

图 4-4 source:韦尔乔绘

图 4-5 source:www.lettl.de/brief/verwan.html

图 4-6 source:韦尔乔绘

图 4-7 source:http://www.london2012.com/basketball/photos/galleryid=1253198/#free-throw-beijing-2008

图 4-8 source:www.myspace.cn/midiawards

图 4-9 source:http://tupian.hudong.com/a4_08_76_01300000009843121999761772431_gif.html

图 4-10(a) source:韦尔乔绘

图 4-10(b) source:http://2008.163.com/08/0213/10/44ISUMG4007424EI.html

图 4-11 source:古斯塔夫·多雷,《圣经》插画

图 4-12 source:http://imgfave.com/search/light/page:4

图 5-13 source：http://www.sciam.com.cn/html/nengyuanhuanjing/huanjing/2009/0513/4262_4.ht-ml

图 5-14 source：李延声绘，《虎门销烟图》局部，http://blog.artron.net/space.php?uid=58863&do=blog&id=281629

图 5-15 source：http://bbs.chengdu.cn/thread-52353-1-1.html

图 5-16 source：http://www.websbook.com/sc/sc_img/12132.html

图尾封面 source：杨焕敏摄，http://www.alwindoor.com/sheying/index.asp

图尾-1 source：http://www.xueshuqikan.cn/view.php?cid=35&tid=77826&page=1

图尾-2 source：《我国城镇化的基本态势、战略重点和政策取向》，中国政策论坛

图尾-3(a) source：ah BOB lee摄，http://www.flickr.com/photos/jiuhukia/251345061/

图尾-3(b) source：http://www.organicconsumers.org/bytes/ob108.cfm

图尾-4 source：http://www.wwf.org.cn/aboutwwf/miniwebsite/2008LPR

图尾-5(a) source：http://img1.cache.netease.com/cnews/2010/11/14/20101114223459 1ab54.png

图尾-5(b) source：韦尔乔绘

图尾-6 source：董磊制

图尾-7 source：http://info.ceo.hc360.com/2009/03/06082673645.shtml

图尾-8 source：http://tupian.hudong.com/a1_65_86_01300000101123121860861327140_jpg.html

表 1-1 source：张成尧、蒋建国、李炜臻，《建筑垃圾综合利用及管理的现状和进展》

表 1-2 source：Kuehr and Williams，"Material inventory for fabrication of a 15.5kg monitor and a 9kg CPU"

表 1-3 source：硅谷有毒物质联盟，《有毒的电脑和电视》

表 2-1 source：《WHO全球1100城市空气质量报告》

表 2-2 source：中华人民共和国环境保护部数据中心

表 2-3 source：董磊整理

表 2-4 source：聂瑞丽、罗海江、赵承义、李锦龄，《北京市大气污染动态变化的树木年轮分析》

表 3-1 source：《2008年中国民营经济发展形势分析》，社会科学文献出版社

表 3-2 source：《2008年中国民营经济发展形势分析》，社会科学文献出版社

表 3-3 source：《2008年中国民营经济发展形势分析》，社会科学文献出版社

表 3-4 source：崔玉川、刘振江、张绍怡，《城市污水厂处理设施设计计算》

表 4-1 source：根据国际《家电电磁辐射评测报告》整理

致谢及说明

本书能够出版并非一个人的功劳,在此要列出一个很长的感谢名单。

首先感谢江苏人民出版社戴亦梁编辑、许文菲编辑为本书的编辑、设计所做的大量工作,感谢凤凰出版传媒集团出版部杨建平先生对本书的支持,感谢何江慧排版员的辛勤劳动,感谢解放军理工大学指挥军官基础教育学院周剑波主任对作者在写作过程中所给予的支持。

此外,尤其要感谢诸位艺术家、环保卫士和学者:感谢已故友人韦尔乔所摄、绘的大量照片和图片;感谢卢广、王久良、罗立高等中国的环保卫士所拍摄的照片,正是你们的不懈的、艰辛的努力,才唤起了更多的人对城市环境的关注;感谢友人何磊提供的部分文字和图片素材;感谢本书中所用到的其他照片、图片的作者,他们是:马文晓、杨焕敏、李延声、牟艳、周承伟、姚大伟、刘小青、Edward Burtynsky、shbear、临风飘影、Sherry Lee、鲁海涛、张燕辉、Cai Shangxiong、achao、金硕、张善臣、刘新武、卢为薇、范涛、邢广利、徐冰、Tom Sheahen、徐家军、崔峰、许海峰、张永强、Liang Jinjian、Damien Hirst、朱峰、BREakONE、ah BOB lee、杨鹏、江亿、徐建中、朱成章、吴辉、王其均、张寅平、穆京祥,作者在此对你们所展现的公共道德情怀表达我们崇高的敬意,对你们的艺术创作魅力和高超专业素养表达我们由衷的钦佩;此外我们虽然经过了最大的努力,但还有一些图片没能找到作者,仅能在书尾列出引用,在此对各位作者表示歉意并表示感谢,也希望您在看到书后与我们取得联系,商量版权问题,我们愿对您进行宣传,会在再版时将您的名字添加到书中。我们愿与诸位作者和有志于中国环保事业的其他个人与机构在以后进行合作。

作　者

2012年12月